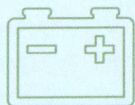

新型储能
百问百答

中国新型储能产业创新联盟
电力规划设计总院 | 组编

中国电力出版社
CHINA ELECTRIC POWER PRESS

内 容 提 要

本书聚焦新型储能技术产业发展的热点和焦点问题，系统介绍了新型储能的技术分类、功能定位、资源禀赋、标准建设等共性问题；详细阐述了锂离子电池、液流电池、铅酸（炭）电池、钠离子电池、金属空气电池等电化学储能，氢储能，压缩空气与压缩二氧化碳储能、重力储能、飞轮储能等机械储能，超级电容储能等电磁储能及热能式储能等典型新型储能技术的基本原理、发展历程、技术特性、典型应用及未来趋势；全面梳理了新型储能的政策体系，分析了电源侧、电网侧和用户侧储能的商业模式。

本书可作为新型储能技术产业发展的专业科普读物，为新型储能领域从业人员和广大科技爱好者提供有益参考。

图书在版编目（CIP）数据

新型储能百问百答 / 中国新型储能产业创新联盟，电力规划设计总院组编 . -- 北京：中国电力出版社，2024.12（2025.3 重印）. -- ISBN 978-7-5198-9590-7

Ⅰ . ① TK02-44

中国国家版本馆 CIP 数据核字第 2024KR1728 号

出版发行：中国电力出版社
地　　址：北京市东城区北京站西街 19 号（邮政编码 100005）
网　　址：http://www.cepp.sgcc.com.cn
责任编辑：苗唯时　王蔓莉　马雪倩
责任校对：黄　蓓　于　维
装帧设计：赵丽媛
责任印制：石　雷

印　　刷：北京九天鸿程印刷有限责任公司
版　　次：2024 年 12 月第一版
印　　次：2025 年 3 月北京第二次印刷
开　　本：710 毫米 ×1000 毫米　16 开本
印　　张：18.75
字　　数：251 千字
定　　价：108.00 元

编写委员会

主　　任　宋海良

副 主 任　吴　云　胡　明　裴爱国　张　健　何　肇　韩小琪
　　　　　徐东杰

主　　编　吴　云

副 主 编　胡　明　张　健　何　肇

编写人员　王莹莹　郑旭东　周　鑫　汤　竑　王世静　赵耀华
　　　　　苏　麟　陈永安　蒋荣安　曹宇飞　周宏达　高利亭
　　　　　黄康桥　刁　锐　张哲原　董　博　李振杰　王　盾
　　　　　谢　潇　武　震　周天春　李自清　杨庆学　张会娟
　　　　　罗开颜　周天睿　刘　然　杨晓杰　龚　媛　邵　杨

咨询委员会

顾　　问　谢秋野　孙　锐　徐小东　赵锦洋　李喜来　刘亚芳
　　　　　李永双　刘　庆　佟明东　张晋宾

咨询专家　戴剑锋　荆朝霞　梅生伟　姜新建　肖立业　刘明义
　　　　　胡勇胜　柴茂荣　程新群　林　今　李光军　张华民
　　　　　相佳媛　史沁鹏　徐　斌　叶　茂　万燕鸣　周　星
　　　　　孟　琳　韩团辉　陈　驰　何雨石　陈　龙　陈　程
　　　　　王云杉　李秉文

序 一

　　共建人类绿色家园、实现人与自然和谐共生是世界各国的共同愿景，"双碳"战略目标是我国基于推动构建人类命运共同体和实现可持续发展作出的重大战略决策。当前，我国能源转型取得了显著成就，已成为世界能源发展转型和应对气候变化的重要推动者。习近平总书记强调："我们要顺势而为、乘势而上，以更大力度推动我国新能源高质量发展，为中国式现代化建设提供安全可靠的能源保障，为共建清洁美丽的世界作出更大贡献。"

　　实现"双碳"目标，能源是主战场，电力是主力军。随着新型能源体系加快构建，新型电力系统路径不断明晰，新能源占比日益提高，对电力系统的灵活调节能力提出了更大需求和更高要求。新型储能作为至关重要的系统性调节资源，将深刻变革传统电力系统中"源随荷动"模式，成为支撑建设新型能源体系、构建新型电力系统的关键要素构成，对推动我国新能源高质量发展和保障能源安全具有重要意义。近年来，国家发展改革委、国家能源局出台《"十四五"新型储能发展实施方案》，明确了推动新型储能规模化、产业化、市场化发展的具体实施路径。在 2024 年"两会"上，"发展新型储能"首次写入政府工作报告。在党的二十届三中全会上，党中央围绕绿色发展进一步提出了降碳、减污、扩绿、增长新要求，释放出"发展绿色低碳产业""加快规划建设新型能源体系"等事关能源安全与转型发展的重大改革信号，为我们加快打造新型储能产业新质生产力、推动能源绿色低碳转型发展提供了根本遵循和行动指南。发展新型储能已成为大局所需、大势所趋、行业所向，在国家政策有力引导下，正在迎来多元化、融合化、规模化的新浪潮。

作为科技创新型、一体化能源型、综合基建型、融合发展型企业，中国能源建设集团（简称中国能建）坚决扛起时代重任，主动应对世界之变、时代之变、历史之变、科技之变、产业之变、竞争之变，深入贯彻落实创新、绿色、数智、融合"四大核心发展理念"，紧紧围绕"30·60"系统解决方案"一个中心"和综合储能、一体化氢能"两个支撑点"，全面加快新型储能这一战略性新兴产业发展，系统开展压缩空气储能、重力储能、电化学储能等新型储能专题研究和重大示范工程布局，全面推动新型储能与新能源业务加速融合发展。

2022年8月，中国能建联合宁德时代新能源科技股份有限公司、天合光能股份有限公司等行业领军企业，发起组建中国新型储能产业创新联盟，意在全面汇聚优势资源，形成创新合力，引领行业发展，共同打造中国新型储能产业合作和技术创新的新模式、新样板，促进新型储能行业高质量发展。

为提升新型储能技术与产业科学知识普及度，作为联盟秘书长单位，中国能建所属电力规划设计总院组织编写了《新型储能百问百答》。这本科普工具书以问答的方式，系统性盘点梳理新型储能关键基础问题，内容涉及新型储能技术路线、产业链概况、政策机制、未来发展趋势等，旨在为政府部门、相关企业和研究机构提供有价值的参考，加速推动新型储能领域科技创新与产业创新深度融合，更好服务新型储能产业高质量发展。

　　书也有尽，未来无限。新型储能是构建高比例新型电力系统的关键要素，是推动能源绿色低碳发展的题中之义，也是打造未来产业的重要阵地，意义重大、前景光明，让我们携手前行、团结奋进，凝聚发展共识，形成奋斗合力，共同加快推动新型储能创新发展，为实现"双碳"目标贡献新的智慧和力量！

　　　　　中国能源建设集团有限公司党委书记、董事长
　　　　　中国新型储能产业创新联盟名誉理事长
　　　　　2024 年 12 月

序 二

党的二十大报告强调，要"积极稳妥推进碳达峰碳中和，深入推进能源革命，加快规划建设新型能源体系"，为新时代我国能源电力高质量跃升式发展指明了前进方向，提出了更高要求。

新型储能是未来电力灵活调节的关键资源，是应对大规模新能源开发利用的措施手段，是回答构建新型电力系统"时代之问"的重要选择。新形势下，我国电力系统形态正由"源网荷"三要素向"源网荷储"四要素转变，电网多种新型技术形态并存，电力建设运行面临着安全保障有效供应、清洁能源可靠替代、电力系统稳定运行和高效经济普遍服务四大考题。新型储能成为推动解决新能源发电随机性、波动性、季节不均衡性带来的系统平衡问题的重要抓手，是建设新型电力系统、推动能源绿色低碳转型的重要支撑。同时，新型储能产业增长潜力巨大、技术路线丰富、上下游环节众多、产业链条长，是激发能源行业内生动力、打造新的经济增长极、推动实现经济社会高质量发展的重要支撑，也是催生国内能源新业态、抢占国际战略新高地的重要领域。

作为一个新兴交叉学科，新型储能技术涵盖物理、化学、材料、电力等多个领域，技术体系精深且庞大。随着新型电力系统迫切呼唤新型储能创新，大量新从业者不断涌入，亟需一本从科普角度出发、帮助广大从业者了解新型储能行业全貌的相关书籍。

近年来，中国新型储能产业创新联盟密切关注新型储能技术与产业发展动态，聚焦行业热点开展新型储能产业研究。电力规划设计总院倾注大量资源致力于新型储能规划设计、技术创新和政策研究，不断夯基垒台，打造形成深厚研究基础。本次联合编著《新型储能百问百答》，对新型储能的基础概念、发展路径、政策制定、技术路线、商业模式进行了系统阐述，全书定位清晰、重点突出、层次分明、顺序合理、衔接连贯，建立了相对完善的知识体系。

好风借力，利器善事。《新型储能百问百答》一书契合国家碳达峰碳中和目标，符合新型电力系统建设需求，受众群体广泛，可为相关从业者了解新型储能行业提供有益参考，是一本值得阅读的书籍。

中国工程院院士

中国新型储能产业创新联盟专家委员会副主任委员

2024 年 12 月

前　言

　　积极应对气候变化，规划建设新型能源体系，加快构建新型电力系统，是国家的重大决策部署。新型储能作为一类配置灵活、响应快速、场景多元、路线丰富的灵活性调节资源，可在支撑新能源基地规模化外送、提高新能源消纳水平、缓解局部供电压力、支撑用户灵活低碳用能等方面发挥重要作用，是加快构建新型能源体系、建设新型电力系统的重要环节，是实现碳达峰碳中和目标的重要支撑。在全球能源转型和能源危机背景下，世界各国纷纷将新型储能这一战略性新兴技术作为科技创新和产业布局的热点领域，积极抢占国际战略新高地。

　　近年来，在碳达峰碳中和目标的指引下，大规模新能源高比例并网迫切需要新型储能等灵活性调节资源提供优质的辅助服务，我国新型储能在复杂的内外部环境中迎来快速发展，装机规模持续快速增长，稳步向规模化发展初期转变。预计到 2025 年，新型储能由商业化初期步入规模化发展阶段，具备大规模商业化应用条件；2030 年，实现全面市场化发展，基本满足构建新型电力系统需求，全面支撑能源领域碳达峰目标如期实现。当前，新型储能新技术不断涌现，技术路线多元化发展趋势明显，呈现百花齐放态势：锂离子电池、液流电池、钠离子电池等电化学储能技术指标不断优化；压缩空气储能、飞轮储能等机械储能示范应用规模逐步扩大；氢储能被视为长时储能最佳方式之一。国家和地方积极出台促进新型储能高质量发展的政策文件，探索新型储能商业模式，推动新型储能规模化、市场化、产业化发展。

　　新型电力系统建设对新型储能提出巨大需求，各级政府、相关企业、高等院校、研究机构等高度关注，相关领域技术人员不断增加，对相关知识的获取需求越来越大，对全面系统介绍新型储能技术、产业和政策问题的综合性书籍的需求尤为迫切。

本书编写团队近年来密切跟踪新型储能技术与产业发展动态，积极与政府合作，与产业链上下游企业互动，开展新型储能政策研究和技术趋势分析，积累了丰富的储能产业信息，形成了对新型储能问题的观点思路。立足以上工作，我们研究编写《新型储能百问百答》，为关心关注新型储能技术产业发展的读者提供一个入门读物，从技术特性和工程应用的视角，以宏观为主、微观为辅，梳理新型储能常用知识点，并真切地希望本书能够对广大读者认识和理解新型储能有所帮助。

本书编写团队广泛参阅国内外书籍、文献，对多个公司、项目实地走访与调研，征求行业内权威专家学者意见，经多次修改完善，最终形成本书。全书共十二章。第一章为新型储能概述，系统介绍新型储能技术和产业链发展现状。第二章至第十一章聚焦各类新型储能技术，详细介绍锂离子电池储能、液流电池储能、铅酸（炭）电池储能、钠离子电池储能、金属空气电池、氢储能、压缩空气与压缩二氧化碳储能、重力储能、飞轮储能、电磁储能和热能式储能等多类新型储能技术原理、技术特性、典型应用及发展趋势。第十二章为新型储能政策机制，阐述新型储能政策体系、市场环境和商业模式。

本书涉及内容较广，跨越多个专业领域，内容主要参考现有文献、报告及团队研究成果。限于时间仓促及编者水平，书中难免存在疏漏和不妥之处，敬请读者批评指正。

本书编委会

2024 年 12 月

目　录

第一章

新型储能概述

我国能源绿色低碳转型步伐加快，高比例风电、光伏等新能源的接入亟需储能等灵活性资源的规模化支撑。随着碳达峰碳中和目标要求的提出和推进，我国风电、光伏等新能源高速发展，截至 2023 年底，全国风电、光伏总装机突破 10 亿 kW，风电、光伏发电量占全社会用电量比重突破 15%，成为"双碳"目标实现的重要基础。但新能源发电呈现间歇性、随机性、波动性等特征，电力支撑能力与常规电源相比存在较大差距，其高比例并网发电对电力系统安全稳定运行提出巨大挑战，亟需推动储能等灵活性资源的规模化应用，有效提升电力系统调节能力，缓解新能源发电特性与负荷特性不匹配导致的短时、长时平衡调节压力。

新型储能是电力系统灵活性调节资源的重要选择。储能即能量存储，是缓解能量供应和需求的时间和空间不匹配问题的重要手段。在电力系统中，应用规模最大、技术最为成熟的储能技术是抽水蓄能，该技术具有安全性高、容量大、度电成本低等优势，但工程选址不灵活、建设周期长（通常为 6~8 年），难以有效匹配新能源的快速发展需求。与此同时，以锂离子电池、液流电池、压缩空气储能等为代表的新型储能技术多样、选址灵活、响应速度快，可灵活部署于电源、电网和用户侧等不同应用场景，且随着技术进步和成本的逐渐下降，推动新型储能规模化发展成为提升电力安全保障水平和系统综合效率、提高系统调节能力和容量支撑能力的有效方式。

　　新型储能将成为支撑新型电力系统建设的重要手段，迎来大有可为的战略机遇期。建设清洁低碳、安全充裕、经济高效、供需协同、灵活智能的新型电力系统，新能源将成为主力军。"新能源＋储能"和基地化新能源开发外送等电源侧储能、电网侧独立储能、用户侧储能等多场景应用需求不断加大，助力系统形态逐步由"源网荷"三要素向"源网荷储"四要素转变。同时，为推动解决新能源日内、周内、季节等不同尺度的不均衡性带来的系统平衡问题，多时间尺度新型储能技术有望实现规模化应用。

1　什么是新型储能？

　　新型储能是除抽水蓄能外，以电力为主要输出形式，并对外提供调峰、调频、黑启动等服务的储能技术，包括但不限于锂离子电池储能、液流电池储能、铅酸（炭）电池储能、钠离子电池储能、氢储能、压缩空气储能、重力储能、飞轮储能、超导储能和热能式储能等。

　　新型储能技术路线多元，分类方法多样。本书介绍几种常用的分类方法。

　　按能量存储形式分类。根据储能过程中，能量存储载体的类型不同，可将新型储能分为电化学储能、化学储能、机械储能、电磁储能、热能式储能等多种形式，如图1-1所示。其中，电化学储能技术路线多元，包括锂离子电池储能、液流电池储能、铅酸（炭）电池储能、钠离子电池储能等多种形式，并不断涌现出金属空气电池储能、钠硫电池储能、液态金属电池储能等多种新路线；机械储能包括压缩空气储能、重力储能、飞轮储能、压缩二氧化碳储能等多种技术路线。

　　按储能输出特性分类。根据储能功率输出大小、时长的不同，有学

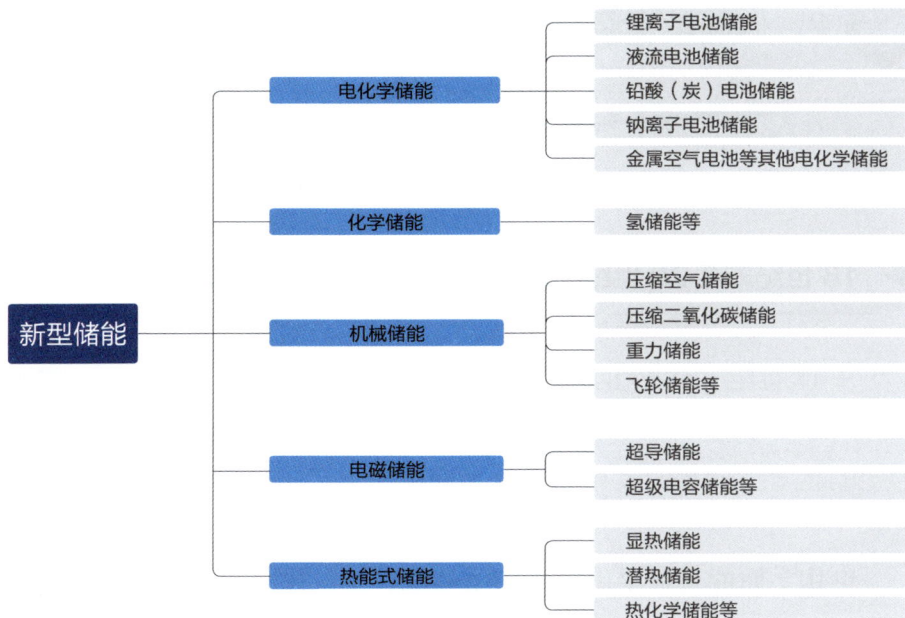

图 1-1　新型储能技术分类

者将新型储能技术分为容量型、能量型、功率型和备用型四类。容量型储能可连续提供较长时间的功率输出，储能时长一般大于 4h，主要应用于电网调峰，包括液流电池储能、压缩空气储能、氢储能、热能式储能等技术；能量型储能技术储能时长介于容量型和功率型储能之间，一般在 1 ~ 2h，多应用于电力系统调峰、调频、紧急备用等场景，当前以磷酸铁锂电池为主；功率型储能响应速率较快，频繁调节性能好，储能时长介于 15 ~ 30min 之间，主要用于系统调频，要求储能系统可以在较短时间内完成较大功率输出，包括超导储能、飞轮储能、超级电容器等；备用型储能持续时间一般不低于 15min，作为不间断电源提供紧急电力，包括飞轮储能、铅蓄电池等。

　　此外，还可根据储能系统以额定功率持续输出能量时间长短的不同，将新型储能分为短持续时间储能和长持续时间储能；根据储能系统建设安装位置，分为电源侧储能、电网侧储能和用户侧储能。

2　储能的发展历程是怎样的?

随着人类用能需求和形式的变化,储能的技术类型和应用场景也不断演化。

▶ 18 世纪末至 20 世纪初,储能技术初步在探索中发展

从 18 世纪末至 20 世纪初,在工业革命爆发后,特别是在以电能广泛应用为标志的第二次工业革命爆发后,以电化学储能、抽水蓄能等电力储能技术为代表的多种储能技术逐渐登上了历史舞台,得到了初步探索。

电化学储能是最早出现的新型储能技术。1800 年,意大利物理学家 Alessandro Volta 发明了伏打电池,成为现代储能电池的源头。1859 年,法国物理学家 Gaston Planté 发明了可充电的铅酸电池,标志着首个二次电池问世,奠定了电化学储能发展的基础。此后,多种二次电池被逐渐开发出来,如镍基电池、金属空气电池等,促进了电化学储能的应用。

抽水蓄能电站的历史较为悠久。1882 年,世界上最早的抽水蓄能电站在瑞士苏黎世建成,经过百余年的发展,抽水蓄能已成为技术最成熟、应用最广泛的大容量储能形式之一。

▶ 20 世纪中叶至 20 世纪末,多类新型储能技术逐渐实现商业化应用

20 世纪中叶至 20 世纪末,科学技术突飞猛进,国际上,新型储能技术进入多元发展时期。在此期间,电化学储能技术进入全新发展阶段,压缩空气储能、飞轮储能、超导储能等新技术逐步实现工程应用。

压缩空气储能从概念走向工程实践。1949 年，德国 Stal Laval 首次提出压缩空气储能系统概念。1978 年，德国西北部电力公司（Nordwest Deutsche Kraftwerke）将补燃式压缩空气储能技术应用于德国汉特福（Huntorf）电站，成为世界上第一个商业性补燃式压缩空气储能电站。1991 年，美国利用压缩余热回收技术实现对压缩空气的预热，并应用于麦金托什（McIntosh）电站。

超级电容器受到更多关注。20 世纪 60 年代起，美国、日本、俄罗斯等国较早开展超级电容器研发、设计，日本电气股份有限公司（NEC Corporation）于 1978 年推出商业化产品。20 世纪 80 年代，超级电容器逐渐走向市场，我国也开始相关产品开发。此后，国内外电容器公司进一步推出了一系列新型的超级电容器，因其功率密度大、充放电时间短、使用寿命长、温度特性好和节能环保等优点而广受关注。

飞轮储能进一步受到人们的重视。20 世纪 70 年代，美国提出车辆动力用的超级飞轮储能计划，大力研究复合材料飞轮、电磁悬浮轴承以及基于飞轮的电动 / 发电一体化电机技术。20 世纪 90 年代中后期，美国率先在不间断供电领域形成了商业化应用。我国也同期开展相关研究。

以锂离子电池为代表的电化学储能技术体系不断完善并开始商业化。1980 ~ 1996 年间，美国得克萨斯大学奥斯汀分校 John B. Goodenough 相继研究出了钴酸锂（1980 年）、锰酸锂（1982 年）、磷酸铁锂（1996 年）等正极材料。1991 年，日本索尼公司以炭材料为负极，以含锂的化合物为正极，研制出第一款锂离子电池产品。1999 年，有学者提出了镍钴锰三元正极材料。

与此同时，电解水制氢、储氢及燃料电池等氢能技术不断突破，得到国际社会关注。储热技术开始走向商业应用。超导储能概念被提出，并用于电力系统。

▶ 21世纪初至21世纪20年代，新型储能工程应用规模不断扩大

21世纪初至21世纪20年代，在技术进步和绿色发展的双轮驱动下，新型储能技术进入高速发展期，各类技术均实现了不同规模的工程应用。

电化学储能方面。21世纪初，国际上开始了锂离子电池、全钒液流电池等电化学储能技术的工程测试及应用。锂离子电池技术不断成熟，在电动汽车领域实现规模应用，并开展电力储能领域兆瓦级应用。以全钒液流电池为代表的液流电池储能也走向兆瓦级的工程应用。

机械储能技术方面。飞轮储能相关技术转化到民用领域，在电力调频领域获得了工程应用。非补燃式压缩空气储能技术已完成理论研究和试验验证，在全球范围内建设了多个商业试验示范电站，未来有望获得大范围的推广应用。

▶ 21世纪20年代以来，能源绿色转型驱动新型储能加速发展

21世纪20年代以来，随着能源绿色转型步伐加快，风电、光伏等新能源并网消纳需求提升，我国新型储能在政策支持下，装机规模获得了快速增长，储能项目广泛应用、技术水平快速提升、标准体系日趋完善，形成较为完整的产业体系和一批有国际竞争力的市场主体，新型储能成为能源领域经济新增长点。

从全球来看，新型储能产业已成为全球产业竞争的热点领域。美国、欧盟、日本、韩国等主要经济体纷纷将发展新型储能产业上升为国家或地区战略，出台了一系列相关支持政策以促进新型储能产业加快发展。截至2023年底，全球新型储能装机规模已接近90GW。

总体来看，国内外新型储能已进入规模应用阶段，我国新型储能产业国际竞争力不断提升。随着新型电力系统建设的不断推进，新型储能

必将迎来高质量规模化发展。

3　各类新型储能技术特性如何？

基于不同技术路线的新型储能电站性能差异较大，评价体系各不相同，总体来看，其综合性能可由以下指标来表征：

功率和容量： 分别代表储能电站能够输出的最大功率（MW）以及储能设备可以储存的最大电能量（MWh），用于表征电站规模。

储能时长： 储能电站在充满电的情况下，以额定功率放电的持续时间。有些储能方式的充电时长与放电时长不同，有时也用储能电站充电时长表征其充电特性，如压缩空气储能。

响应时间： 储能电站从收到充或放电指令开始，到充或放电功率首次达到目标值的时间。

综合效率： 在评价周期内，储能电站生产运行过程中，上网电量与下网电网的比值，其中上网电量和下网电量应从储能电站和电网之间的关口计量表计取。电站综合效率由储能设备损耗率、站用电率、变配电损耗率等共同决定。

使用寿命： 储能电站在满足预期使用功能和性能情况下，从正式投运到退役的持续时间；此外，电化学储能常用额定功率满充满放的循环次数表征其使用寿命。

除此之外，储能电站的建设周期、单位投资、安全性能、技术成熟度等也是新型储能综合性能的重要方面，成为技术应用的重要参考因素。当前，典型储能电站性能指标如表 1-1 所示。

表 1-1   典型储能电站性能指标

技术类型	抽水蓄能	锂离子电池	全钒液流电池	铅炭电池	钠离子电池	超级电容	压缩空气储能	飞轮储能
电站规模	吉瓦级	百兆瓦级	百兆瓦级	百兆瓦级	百兆瓦级	兆瓦级	百兆瓦级	兆瓦级
储能时长	4~10h	1~4h	≥ 4h	2~10h	1~4h	秒~分钟	4~6h	秒~30分钟
响应时间	分钟级	毫秒级	毫秒级	毫秒级	毫秒级	毫秒级	分钟级	毫秒级
综合效率(%)	75~80	85~90	65~75	80~90	80~90	70~95	50~70	80~90
使用寿命	50年	6000~12000次	15000~20000次	2000~5000次	3000~6000次	100000次	30年	100000次
建设周期	6~8年	2~12个月	6~12个月	8~10个月	3~12个月	12~24个月	18~30个月	6~12个月
技术成熟度	商业应用	商业应用	示范推广	示范推广	示范推广	示范推广	示范推广	示范推广
单位投资	>5元/W	1.0~1.8元/Wh	2.0~3.5元/Wh	0.7~1.0元/Wh	1.3~2元/Wh	2~4元/W	6~9元/W	5~10元/W

综合效率是评价储能技术先进性的重要指标，并直接影响其经济性。国家光伏、储能实证实验平台（大庆基地）对磷酸铁锂电池储能、三元锂离子电池储能、全钒液流电池储能、飞轮储能等多种新型储能技术开展了户外实测，系统研究分析了实际运行效率，包括储能设备充放电效率、功率变换系统效率（PCS 效率）、综合效率（不含厂用电）及综合效率（含厂用电）等。

实测设备充放电效率

不同储能技术设备充放电效率实测数据具体如表 1-2 所示。由该表看出，各类锂离子电池设备充放电效率超过 94%，且三元锂离子电池效率相对最高；全钒液流电池充放电效率接近 80%；飞轮和超级电容储能的设备充放电效率超过 95%。

表 1-2 不同储能技术设备充放电效率实测数据　　　　　%

年份	磷酸铁锂电池（2h）	三元锂离子电池	钛酸锂储能	全钒液流电池	飞轮储能	超级电容储能
2022	95.15	96.87	94.65	77.03	95.76	97.69
2023	95.07	96.67	94.56	76.12	96.02	97.28
2024	94.84	94.45	—	73.28	—	—

来源：国家光伏、储能实证实验平台（大庆基地）

实测电站综合效率

储能电站的效率除受设备的影响外，能量转换过程中涉及的功率变换装置（PCS）、隔离变压器等功率转换器、升压设备，空调、泵等辅助站用设备均对储能整体效率造成一定影响。根据 2022 年实测数据，储能电站的综合效率（不含厂用电）较储能设备的效率平均下降 7%～10%，其中隔离变损耗占比约为 4%；储能电站的循环效率在含厂用电时较不含厂用电时下降 7%～15%。同时，储能利用小时数越高，充放电次数越多，电站综合效率越高。不同储能电站综合效率实测数据如表 1-3 所示。

表 1-3 不同储能电站综合效率实测数据　　　　　%

技术类型	磷酸铁锂储能（2h）	全钒液流电池	三元锂储能	飞轮储能	钛酸锂储能	超级电容储能
PCS 效率	97.92	96.46	98.51	96.44	98.18	98.32
综合效率（不含厂用电）	88.28	71.41	87.86	58.64	69.37	51.16
综合效率（含厂用电）	81.02	64.95	72.96	15.38	52.14	16.17

来源：国家光伏、储能实证实验平台（大庆基地）

4 各类新型储能技术处在什么发展阶段?

目前，电力系统中新型储能应用以锂离子电池储能技术为主，压缩空气储能、液流电池储能、铅炭电池储能、钠离子电池储能等正在开展工程示范应用；飞轮储能主要用于功率型应用场景，可独立构成调频储能电站或与电化学储能系统共同构成复合型储能电站，已有相关工程项目投入运行；重力储能、抽汽蓄能、氢储能等具备技术应用基础，正在积极开展示范前期工作；金属空气电池储能等技术正处于研发阶段，产业发展仍面临技术瓶颈。新型储能技术路线成熟度如图 1-2 所示。

图 1-2　新型储能技术路线成熟度

注：技术攻关阶段指该技术尚处在理论研究阶段，尚未有实际应用；试验试点（小规模生产）阶段指该技术已经开始在少量项目中示范应用，但产业化尚不成熟；示范推广（初步产业化）阶段是指该技术已在多个项目中实现了工程应用，已初步具备产业化推广条件；商业应用（产业链完备）阶段指该技术已经实现了规模化的工程应用，其产业链相对成熟完备。

锂离子电池储能产业链最为完备，已开始大规模商业应用。当前，储能用锂离子电池单体一般为容量 280、314Ah 的方形铝壳电芯，多家企业开发大容量电芯，相继推出 500Ah 以上储能专用电芯产品。百兆瓦级锂离子电池储能电站已在电源侧、电网侧广泛应用。未来，锂离子电池储能系统将向着高安全、长循环寿命、低度电成本方向发展。预期

"十四五"末实现 15000 次以上循环寿命的锂离子电池储能示范，延长锂离子电池储能系统服役寿命，从而大幅降低锂离子电池储能的度电成本。

液流电池储能技术路线多样，其中全钒液流电池技术相对成熟，充放电循环达万次以上，已开展百兆瓦级工程示范应用，后续还需持续降低成本；铁铬液流电池在原材料成本方面具有一定优势，但存在铬电对活性较低、负极容易析氢以及容量衰减等技术问题；锌溴液流电池具有能量密度高的优势，但循环寿命有待提高。

钠离子电池储能具有成本低、安全性能高、工作温区宽等特点，且具有钠资源储量丰富、电解液浓度更低的优势。目前，钠离子电池储能电站正在开展百兆瓦级示范验证。未来，钠离子电池储能将通过加强材料性能和制备工艺技术，提升电池本体的能量密度、循环寿命、低温性能等技术指标，并进一步降低单体造价，有望成为锂离子电池储能的重要补充。

压缩空气储能系统的放电时长通常为 4h 以上，电站使用寿命一般按 30 年设计，发电启动时间为 10～12min，十兆瓦级的系统效率可达60% 以上，百兆瓦级别以上的系统设计效率可以达到 65%。目前正在建设的多个压缩空气储能项目，单机容量已经增大至 300 兆瓦级，设计效率达 70% 甚至更高。未来，压缩空气储能将向高能量转换效率、高灵活储气方式等方向发展。

飞轮储能具有高功率密度、长服役寿命的优势，已在电网调频、不间断供电电源、能量回收等领域广泛应用。未来，飞轮储能技术将向更大单机功率、更高可靠性方向发展，系统规模由兆瓦级向数十兆瓦级迈进，放电时间由数秒向数分钟发展。

此外，重力储能技术降低了对地理条件的依赖，当前正在开展人造高差式、竖井式等不同技术路线示范，还有待于进一步的实践验证。抽汽蓄能目前在开展百兆瓦级工程示范，氢储能被视为未来长时储能方案，正在开展小规模试点应用。

不同储能技术的成熟度与技术特点决定了储能的应用场景，锂离子电池储能、压缩空气储能、液流电池储能等技术可满足 100MW 以上应用规模需要，氢储能具备 10h 以上长时储能应用潜力。此外，为适应新型电力系统对新型储能多元化需求，在工程应用中，可采用两种和两种以上的储能路线的混合搭配，通过优势互补组成优化的复合储能系统，已有包括锂离子电池储能 + 飞轮储能、锂离子电池储能 + 超级电容储能在内的复合储能项目投入运行，有效发挥了能量型储能介质的持久性和功率型储能介质的快速性，提升了储能电站综合性能。

5　什么是长时储能?

长时储能（long duration energy storage）又可称长持续时间储能，目前国内外尚未对其统一定义。美国桑迪亚国家实验室发布的《长时储能简报》（Issue Brief – Long-duration energy storage）认为，长时储能是持续放电时间不低于 4h 的储能技术；美国能源部 2021 年发布支持长时储能的相关报告，把长时储能定义为持续放电时间不低于 10h，且使用寿命在 15～20 年的储能技术；全球长时储能委员会把长时储能定义为维持数小时、数天甚至数周的电储能技术。

全球长时储能委员会认为，为满足跨天、跨月，乃至跨季节循环充放电，长时储能技术应具备存储大量电能时边际成本低、能量和功率解耦、安全性强、模块化程度高、不依赖贵金属与稀有元素、产业规模化效应显著等特点。当前，有望满足上述要求的储能技术包括压缩空气储能、重力储能、压缩二氧化碳储能等机械储能，液流电池储能、氢储能、金属空气电池储能等电化学和化学储能，以及热能式储能等。

在应用方面，长时储能可凭借长周期、大容量特性，在更长时间维度上调节新能源发电波动，在清洁能源过剩时减少弃电，负荷高峰时增加能源供给，促进清洁能源消纳，有望为中远期新能源出力与电力负荷季节性不匹配导致的跨季平衡调节问题提供解决方案，支撑电力系统实现跨季节的平衡调节，提升电力系统运行的灵活性和效率。

6 什么是构网型储能？

新型储能（尤其是电化学储能）多以电力电子变流器为并网接口，其并网特性主要由变流器的控制模式决定。根据变流器与电网同步方式的不同，控制模式一般分为跟网型（grid-following，GFL）和构网型（grid-forming，GFM）两大类，且当前以跟网型为主。由于跟网型控制模式下，并网主体基本不具备电网主动支撑功能，无法提供与传统同步发电机类似的惯性响应及频率、电压控制能力，大规模并网后将增加系统失稳的风险，因此，具有模拟同步机并网特性的构网型变流器的控制模式正成为研究的前沿和热点。

构网型技术最初的研究场景主要集中在微电网领域，其技术路线主要包括下垂控制、虚拟同步控制、匹配控制、虚拟振荡器控制等，其中虚拟同步控制为当前主流技术路线。相较于风电、光伏发电，储能由于能量来源独立，且其构网控制模式下的硬件形态与常规跟网型储能基本相同，可作为构网型技术的理想载体，当前也受到行业关注。

构网型储能技术模拟同步发电机，通过电力电子变流器构建构网特性，采用构网型控制策略，实现与同步机类似的电压源外特性和等效惯量，可在电力系统发生扰动前、中、后各阶段，构建起电力系统稳定运行必需的电势，起到"顶梁柱"的作用，并具有转动惯量，起到稳定系统频率和动态分配有功功率的作用。

构网型储能与跟网型储能差异

控制策略不同。构网型变流器一般采用功率控制实现同步，通过采集电压和电流计算端口功率，利用内置算法生成电压和频率参考值，呈现电压幅值和相位均受控的电压源外特性，在系统强度弱、物理惯性低的电网中，进行调频、调压，还能为系统提供虚拟惯量、阻尼、黑启动等构建电网的功能，构网型变流器示意图如图1-3所示；跟网型变流器跟踪电网的电压、相位以控制系统的功率输出，呈现电流源外特性，需要依赖稳定的电网，应对电网扰动能力不强。

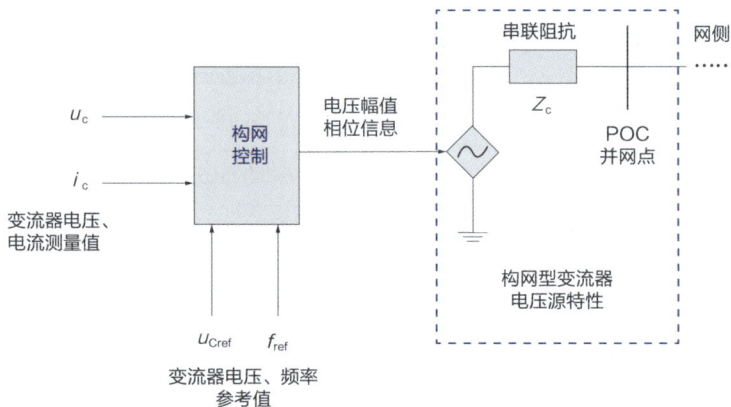

图 1-3 构网型变流器示意图

来源：秦晓辉，范宸珲，齐磊，等.构网型下垂控制本质及虚拟阻抗对其源端特性的影响分析

过流能力不同。构网型储能提高了短时过电流能力（典型值为3倍过电流，持续时间10s），电力电子器件过流能力、设备散热性能等的要求相对跟网型更高。

在新型电力系统建设背景下，构网型储能将发挥重要作用，在清洁能源大基地、独立储能、新能源配套储能等多场景下构网型储能都有着广泛的应用前景。外送型清洁能源大基地建设构网型储能，可提高送端电网的强度和运行稳定性；并网型清洁能源发电项目建设构网型储能，可提高并网接入点的短路比，提升新能源的接入能力和运行稳定性；独立型储能电站建设构网型储能，可提高支撑电网的能力，提升区域电网新能源的接入能力；采用构网型储能来替代储能＋调相机方案，可减少投资，且方便运维；新能源配储场景采用构网型储能，可提升新能源接入能力。

近年来，我国构网型储能在政策、市场、技术创新的多轮驱动下，迎来了新的增长点。政策支持方面，西藏、新疆等地率先提出构网型储能技术要求，建设对电网更为友好的构网型储能电站；辽宁等省份明确开展构网型储能试点示范。技术创新方面，业内已有多家企业推出实用化的构网型储能产品，2023 年 1 月，国网青海省电力公司电力科学研究院联合中国电力科学研究院完成全球首次构网型光储系统并网性能测试。工程应用方面，构网型储能已得到示范工程的验证，2023 年 12 月，湖北荆门新港 50MW/100MWh 构网型储能电站全容量并网运行，是国内首座通过测试的电网侧构网型储能电站，用于提升工业园的区域电网强度，增加对末端电网的电压频率支撑能力。此外，多个新建项目已明确将采用构网型储能技术，建设地涉及新疆、河北、青海等多个省区。

7　新型储能有哪些典型的应用场景？

按照储能系统在电力系统中的安装位置，新型储能应用场景可划分为电源侧、电网侧和用户侧三类。

▶ 电源侧储能

电源侧储能包括新能源发电配置储能、传统燃煤机组配置储能等场景，主要作用是提供一次调频，消除小幅度、短时间的功率波动，平滑风电、光伏等新能源出力，提高燃煤机组调频性能等。

新能源发电配置储能系统

储能系统和新能源发电组成为一个完整的系统，可参与一次调频、平滑风电和光伏出力的波动性。在将来储能系统容量配比足够大的情况下，可以实现新能源电力的可调节、可调度的输出，提高新能源消纳比例，为系统安全稳定运行提供支撑，从而提升风电、光伏项目的经济效益。

燃煤机组配置储能系统

储能系统与传统煤电机组联合运行，可以提高煤电机组的一次调频幅度和速率。如果储能系统容量足够大，可以按照调度的要求，使煤电机组的输出功率降至最低，并使燃煤机组锅炉保持在较为安全稳定的运行工况，减少燃煤机组寿命的损害，降低煤电机组设备维护费用。

▶ 电网侧储能

电网侧储能主要从电网调峰、提高新能源消纳、缓解电网阻塞、应对突发的系统扰动等方面提供电力支撑，提高供电安全性、稳定性和可靠性。

电网调峰

规模化配置的储能系统可实现用电负荷的削峰填谷，即在用电负荷低谷时或系统风电和光伏电力过剩时进行储能，在用电负荷高峰时进行释能，以帮助实现电力生产和电力消费之间的动态平衡，支撑电网的稳定运行。

电网调频

当参与二次调频的火电机组受爬坡速率限制，不能精确跟踪调度调频指令时，储能可高速响应，从而从根本上改变火电机组的自动发电控制（automatic generation control，AGC）能力，避免调节反向、调节偏差以及调节延迟等问题，并获得 AGC 补偿收益。

缓解电网阻塞

在电网关键节点配置灵活性高、建设周期短、成本低的储能可缓解系统阻塞，延缓新建或改造输配电设施带来的投资增加。具体地，在发生线路阻塞时，将无法输送的电能存储到储能设备中，待线路负荷小于线路容量时，再向电网放电，从而减少网络阻塞成本。

提高供电安全可靠性

通过储能灵活接入作为应急电源，提升电网抵御突发性事件和故障的能力，避免大范围连锁故障的发生，提升电网运行的安全性、灵活性和可靠性，提升系统供电保障能力。此外，电网侧储能还可在分布式电源大量接入引起配电网短时局部电压过高时进行充电，等效增加电网负荷，降低电压，从而可以避免出现电压越限情况。

▶ 用户侧储能

用户侧储能的作用是削峰填谷，提高系统设备利用率，降低用能成本，提升用户用能质量，提高用户侧需求响应能力。

降低用户用能成本

在实施峰谷分时电价政策情况下，电力用户可通过配置储能系统在系统负荷低谷时段进行储能，在需要用电时进行释能，实现降低用电成本的目的；同时，降低了电力系统高峰负荷，减少了电网建设成本。

提升用户电能质量

储能系统可有效缓解末端配电网供电电压质量问题,稳定、平滑电压和频率波动,提升用户供电电能质量。生产企业可以安装储能替代各类电能质量改善装置,利用储能冗余容量治理生产过程中出现的功率因数低、电压不平衡等电能质量问题。

提升用户需求侧响应能力

用户侧储能可提升用户侧的调节能力,通过参与需求响应,优化用户负荷曲线,降低峰谷差,并可获取需求响应政策补贴。同时,用户侧分散的调节资源还可通过虚拟电厂等聚合方式发挥协同效益,助力实现《电力需求侧管理办法(2023年版)》(发改运行规〔2023〕1283号)提出的提升需求响应能力要求,即"到2025年,各省需求响应能力达到最大用电负荷的3%~5%,其中年度最大用电负荷峰谷差率超过40%的省份达到5%或以上。到2030年,形成规模化的实时需求响应能力,结合辅助服务市场、电能量市场交易可实现电网区域内需求侧资源共享互济"。

? 8   我国发展新型储能的资源禀赋如何?

新型储能技术产业的发展与上游矿产资源、存储空间的充裕性、经济性密切相关,资源的充足储备和稳定供应,才能保障储能技术产业规模化发展。就当前发展相对成熟的锂离子电池储能、钠离子电池储能、全钒液流电池储能、压缩空气储能等技术而言,我国本土锂矿资源储量相对较少,锂精矿(生产碳酸锂的主要原材料)进口量占比较高;钠在地壳中丰度较高,能够满足钠离子电池所需的钠资源；钒矿资源储量丰富，具有发展全钒液流电池的资源优势；盐穴和地下硐室等地下存储空间资源充裕，开发空间较大。我国锂、钠、钒矿产资源基本情况如表 1-4 所示。

表 1-4 我国锂、钠、钒矿产资源基本情况

资源名称	锂	钠	钒
适用储能技术	锂离子电池	钠离子电池	全钒液流电池
我国资源储量	我国锂矿已探明储量 8.3×10^6 t，占全球 6.15%；锂矿资源量 1.862×10^7 t，占全球 4.79%	在地壳中的含量为 2.75%（质量分数），居全球金属元素第 6 位	我国钒金属储量 9.5×10^6 t，占全球 36.5%，产量 6.7×10^4 t，占全球总产量的 67%
资源开采形式	锂资源类型多元，主要分为盐湖卤水型、伟晶岩型、沉积型锂矿等，其中全球卤水型锂资源最为丰富，占比超过 60%	矿石提钠，盐湖、海水提钠	钒很难以单质形式存在，通常与铁、铜、铝、锌等金属元素共生于矿物中，或者与碳质矿、磷矿共存
冶炼加工产品	碳酸锂、氢氧化锂	氢氧化钠、碳酸钠	五氧化二钒

▶ **锂资源**

碳酸锂是锂离子电池储能技术中的关键原材料，主要用于生产锂离子电池正极材料和电解液，生产 1GWh 锂离子电池大约需要 700t 碳酸锂。

在锂资源分布方面，全球锂资源丰富，但资源分布不均匀，具体如表 1-5 所示。全球锂资源主要集中在南美"锂三角"地区（阿根廷、玻利维亚和智利三国毗邻区域）、澳大利亚、中国、美国、刚果（金）和加拿大等国家和地区。根据中国地质调查局数据，截至 2021 年底，全球已探明锂矿储量 1.3488×10^8 t（碳酸锂当量），主要分布在智利（38.66%）、澳大利亚（16.97%）、阿根廷（11.17%）等国，我国锂矿储量 8.3×10^6 t，占全球 6.15%；全球锂矿资源量 3.8852×10^8 t，主要分布

在玻利维亚（24.82%）、阿根廷（23.71%）、美国（19.49%）和澳大利亚（4.92%）等国，我国锂矿资源量 1.862×10^7 t，占全球 4.79%。我国锂资源探明储量和资源量均有限。

表 1-5 全球锂资源探明储量分布表

国家	储量（$\times 10^4$ t）
智利	5215
澳大利亚	2289
阿根廷	1506
中国	830
刚果（金）	530
美国	526
墨西哥	451
阿富汗	362
加拿大	218
马里	194
其他	1367

来源：中国地质调查局全球矿产资源战略研究中心 . 全球矿产资源储量评估报告

在锂资源需求方面，据相关数据预测，至 2025 年全球锂需求量将超过 1×10^6 t 碳酸锂当量。随着世界各主要经济体新能源产业扶持政策和行动的不断推进，新能源行业或将加速发展，全球对锂的需求量预计会进一步增加，国际能源署（international energy agency，IEA）预计各国为实现《巴黎协定》目标，至 2040 年全球锂需求将增长 40 倍以上。

我国锂资源供应相对紧张，锂精矿进口总量呈上升趋势，已成为全球第一大锂资源消费国。根据中国海关数据统计，2023 年 1～12 月，我国进口锂精矿约 4.01×10^6 t，主要来源于澳大利亚、巴西、津巴布韦等国，同比增长约 41%；净进口碳酸锂 1.491×10^5 t，同比增长约 18.6%。根据有关机构统计，2023 年我国碳酸锂表观消费量 6.079×10^5 t，进口依赖度超过 24.5%。

在新能源蓬勃发展带动锂资源需求提高的背景下，全球各国对于锂矿勘察不断持续投入，对锂矿产权益收购更为关注。我国作为锂资源的消费大国，对于锂资源情况尤为关注。近年来国内多家企业提前开展了全球锂矿资源布局，使我国在全球锂矿产的资源权益不断提高。中国地质调查局发展研究中心 2022 年 1 月发布的研究成果显示，我国在境外获得锂矿权益资源量为 $1.717 \times 10^7\,t$，权益产能为 $1.6 \times 10^5\,t$。

此外，全球近 60% 的锂资源以盐湖卤水形式存在，若盐湖提锂技术取得突破，可为锂资源供应提供新的可行来源。同时，当前锂资源回收利用未形成规模，IEA 数据显示截至 2021 年全球范围内金属锂回收率仅不到 1%，回收利用潜力较大。随着未来锂矿产能释放、盐湖提锂技术不断提升，以及锂资源回收利用体系加强，长期来看锂资源供应能力将进一步提高。

▶ 钠资源

钠离子电池中大量使用的钠资源主要用于正极材料及电解液的制备，涉及的原材料包括氢氧化钠和碳酸钠。总体看，全球钠资源丰富，可以满足钠离子电池产业发展需求。

钠在地壳中丰度高达 2.75%，远超锂资源仅 0.0065% 的丰度，钠离子电池产业发展基本不受钠资源的限制。钠资源的开采方式与锂资源类似，主要有矿石提钠、盐湖提钠和海水提钠等。据中国地质调查局数据，我国钠资源储量为 $1.5 \times 10^7\,t$。青海省具有全国第一大的盐湖资源，而目前盐湖开发多以钾、锂、镁资源为主，这主要是受限于下游钠需求较少，因此提取过程中的钠资源的开发利用规模不大。未来，随着钠离子电池相关产业逐步走向规模化，钠资源的开采和利用程度加强，基本可满足产业发展需求。

▶ **钒资源**

钒资源是全钒液流电池产业链中的核心资源，五氧化二钒（V_2O_5）是生产电解液的基础和关键原料。理论上，储存 1kWh 电能，需要 5.6kg V_2O_5；如果电解液的利用率为 70%，则实际上存储 1kWh 电能大约需要 8kg V_2O_5。因此，一般来说，生产 1GWh 全钒液流电池需要消耗 8000t 左右的高纯度 V_2O_5，折合钒金属约 4500t。

全球钒资源丰富，我国是钒资源大国。钒在地壳中的丰度约为 0.02%，排名位于金属元素第 22 位。钒很难以单质形式存在，主要和一些金属矿共伴生，通常与铁、钛、钼、铜、铝、锌等金属元素共生于矿物中，如钒钛磁铁矿等；或与碳质矿、磷矿共存，如石煤（碳质页岩）等。据美国地质调查局（United States Geological Survey，USGS）数据统计，截至 2022 年底，全球钒金属资源量超过 6.3×10^7 t，储量约 2.6×10^7 t，主要集中在中国、澳大利亚、俄罗斯、南非等国家。我国钒金属储量 9.5×10^6 t，约占全球的 36.5%，位居世界首位。全球钒金属储量和产量如表 1-6 所示。

表 1-6　全球钒金属储量和产量（截至 2022 年底）

国家	储量（×10⁴ t）	产量（t）
中国	950	66900
澳大利亚	740	—
俄罗斯	500	20000
南非	350	8870
巴西	12	5840
其他	48	390
合计	2600	102000

来源：USGS 统计数据

全球钒金属产量总体呈波动上升态势。根据 USGS 数据统计，2022 年全球钒金属总产量超 1×10^5 t，生产国家主要有中国、俄罗斯、南非和巴西。其中，2022 年我国钒金属总产量约 6.7×10^4 t，占全球总产量的 67%，居全球首位，且 80% 来自钒钛磁铁矿。我国钒资源主要分布在四川、河北、甘肃、陕西、河南、湖南等地，其中，四川、河北以钒钛磁铁矿为主，甘肃、陕西、河南、湖南等地以石煤为主。钒主要用于冶金、航空航天和化学工业三大领域。世界范围内，钒在钢铁冶金行业的使用占比最高，约为 85%；在钛合金及航空航天材料领域消费占比约为 10%；用于生产钒溶液、钒的氧化物及化学品的消费占比约 5%。

总体来看，我国钒资源储量丰富，是全球规模最大的钒产品综合生产基地，具有发展全钒液流电池的资源和供应基础。在供需关系上，目前钒产品消费量主要集中在钢铁领域，其行业周期性决定了全球钒市场总体需求的强弱，而当前钒电池材料产业规模较小，对钒消费量影响较小。随着全球全钒液流电池储能项目不断涌现，储能领域对钒相关产品的需求量将不断提升。

▶ 盐穴等地下资源

盐穴储气是采用人工方法在地下较厚的盐岩层或盐丘层中制造洞穴形成空间以储存气体的技术。建设盐穴储库进行压缩空气、天然气、石油和氢气等能源存储，是世界上许多国家普遍采用的方法。国外利用盐穴作为储气库的历史最早可追溯到 20 世纪 50 年代，自 1959 年苏联建成第一个盐穴地下储气库后，该项技术在北美和欧洲得到推广应用，法国、德国、英国和丹麦等国相继建成盐穴储气库。我国对盐穴储气库的研究始于 1999 年，在西气东输配套工程的建设过程中，确定了江苏金坛作为国内首个盐穴储气库的建库目标。当前，盐穴储气已成为压缩空气储能重要的储气方案。

我国盐岩资源丰富，已探明矿床 105 处。现已建成 5 座盐穴天然气储库，2 座盐穴压缩空气储能电站，具有建设盐穴储气库的丰富经验。我国盐穴资源丰富，主要分布于山东、河南、河北、江苏、广东、四川等地，现有盐穴约 $1.3 \times 10^8 m^3$，且大部分经过造腔后密封性良好，其中，江苏金坛拥有储气容量 $1.43 \times 10^7 m^3$，江苏淮安拥有储气容量 $1 \times 10^7 m^3$，河南平顶山拥有储气容量 $4 \times 10^6 m^3$。这些盐穴承压能力好，密封性能优越，是可作为高压气体储存的极好空间场所。总的来说，我国已利用的盐穴数量较少，绝大多数的盐穴资源处于闲置状态，可利用的空间巨大。我国东部盐穴资源容量如表 1-7 所示。

表 1-7　我国东部盐穴资源容量

盐穴名称	所在省份	容量（$\times 10^6 m^3$）
金坛	江苏	14.3
淮安	江苏	10
平顶山	河南	4
应城	湖北	8
樟树	江西	10
潜江	湖北	4

来源：杜忠明，张晋宾，等 . 电力系统新型储能技术

除盐穴储气外，在坚硬岩石中人工开挖地下硐室作为地下储气库，正成为压缩空气储能的另一种重要的储气方式。采用人工硐室储气库的关键在于寻找具备安全性、稳定性、经济性的地质条件，需要综合考虑地面环境、施工便利性、区域地质特性（区域地震特性、断层发育特性、区域沉积特性、地下水系分布等）、基本地质特性（岩层埋深、厚度、分布范围等）、硬岩石特性等因素。采用人工硐室作为储气库的最大优点是适合建库的硬岩岩石类型多，且地层分布广泛。

9　我国新型储能产业链发展现状如何？

在双碳目标的引领和能源绿色低碳转型的带动下，能源电力系统对灵活性资源需求不断增加，新型储能技术研发和示范应用持续推进，我国新型储能产业整体取得了较快的发展，各类新型储能技术形成了不同规模的产业链。

新型储能技术路线多样，其产业链各环节也有较大差异。锂离子电池储能产业链发展完备，钠离子电池储能形成了一定规模产能，液流电池储能、压缩空气储能、飞轮储能产业链也初步建立。

锂离子电池储能产业链

锂离子电池储能产业链上下游包括矿产资源、电池材料、电芯制造、系统集成、施工建设、电池回收等多个环节，其产业链构成如图1-4所示。目前，我国锂离子电池产业链发展较为完备，在全球范围内竞争力已处于领先地位，产业链各个环节均有一批国际领军企业。

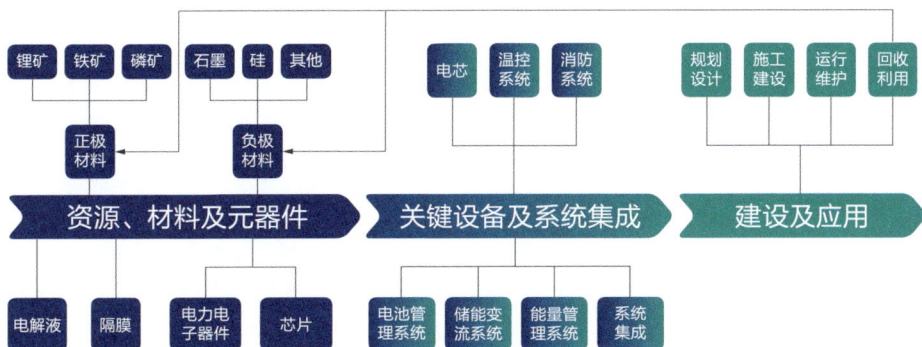

图1-4　锂离子电池储能产业链构成示意图

我国锂离子电池储能目前以磷酸铁锂电池为主，涉及的上游矿产资源以锂矿为主，也涉及磷矿、铁矿和石墨矿等，原材料包括锂盐、磷酸等，原材料经过加工后形成电池正极、负极、电解液、隔膜等主要材料；电池制造企业将电池材料封装成电芯；集成企业在电芯基础上生产电池模组、电池簇，并配套控制系统等设备进行电化学储能系统集成；通常以集装箱预制舱形式交付设备并整体安装。

锂离子电池产业链相对健全，形成了激烈的市场竞争格局，并不断涌现出新技术新产线，使得锂离子电池产业结构不断升级，有力支撑了锂离子电池规模化发展。

钠离子电池储能产业链

钠离子电池储能产业链构成与锂离子电池类似。涉及的上游矿产资源包括钠矿、铁矿、锰矿、无定形碳等，原材料包括钠盐、铁盐、铁 /锰氧化物等，原材料经加工后制成电池材料；电芯制造企业将电池材料制成极片，封装后制成电芯；集成企业将电芯串并联形成电池模组、电池簇，并配备电池管理系统、能量管理系统、储能变流器、温控系统等进行电化学储能系统集成；最终以集装箱预制舱形式交付设备。

目前，我国钠离子电池产业还未形成较大规模。钠离子电池的电芯制造、系统集成以及部分材料制造的环节与锂离子电池相近，可借助锂离子电池较为成熟的产业发展，而正极、负极和电解液等关键材料的相关产业仍待完善。

液流电池储能产业链

液流电池储能技术体系较多，其中产业规模较大的是全钒液流电池，产业链主要包括矿产原料、材料设备、电堆制造、系统集成、电站建设与运维、电解液回收等多个环节。以全钒液流电池为例，其产业链构成如图 1-5 所示。

全钒液流电池涉及的矿产资源主要是钒矿等，原材料主要为钒氧化物、硫酸等；电池制造企业将原材料进一步加工成电解液，并生产电

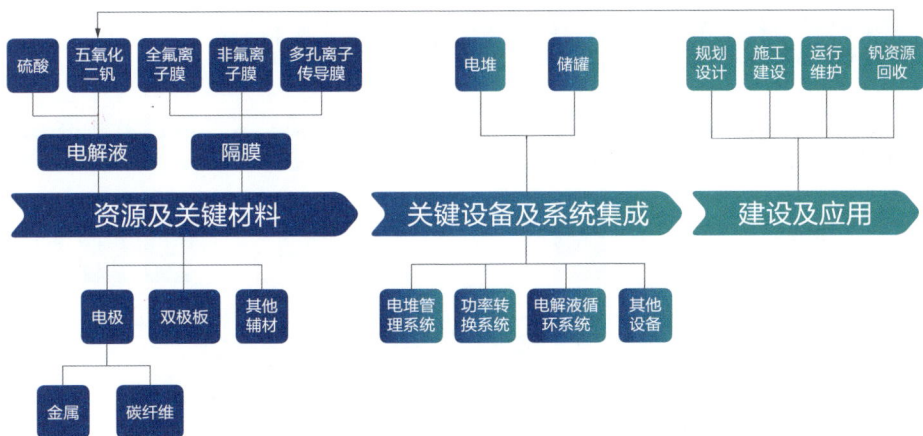

图1-5 全钒液流电池产业链构成示意图

堆；与锂离子电池储能系统集成不同的是，全钒液流电池的电池管理系统侧重于对泵、储罐和管路等设备监测和管理，且需要根据定制化设计和研发。目前我国全钒液流电池产业链具有一定的基础，上游原料和电池制造领域形成了一批领先企业，技术、经济指标还需要通过研发攻关和工程应用不断迭代升级。

压缩空气储能产业链

压缩空气储能与电化学储能工作原理迥异，其产业链构成与电化学储能也大有不同，而与传统火电类似，如图1-6所示。上游资源和关键设备包含盐穴等储气设施、空气压缩机、空气膨胀机、换热器、储气设备和辅机设备等，关键材料主要有换热、储热介质等，储热介质包括熔盐、导热油和高压水等。中游系统集成涉及压缩机系统、储换热系统、膨胀发电系统、电站集成等环节，是实现储能电站功能的关键。下游包括电站的规划设计、施工建设、运行维护等环节。随着国内压缩空气储能示范项目的逐渐建成投产，我国压缩空气储能产业链已经初具雏形，进入了产业化初期阶段。

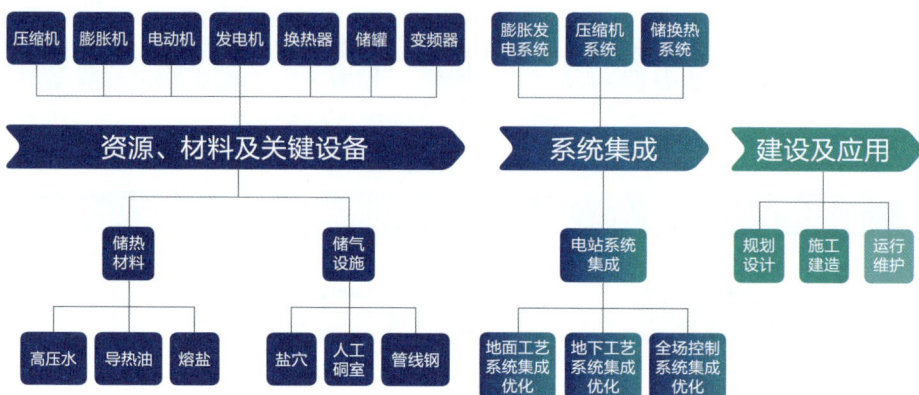

图 1-6　压缩空气储能产业链构成示意图

飞轮储能产业链

　　飞轮储能产业链包括上游的原材料、零部件及关键设备，中游的系统集成，以及下游的建设应用三个部分，如图 1-7 所示。飞轮储能装置作为以精密制造为基础、多学科融合的机电一体化设备，上游链条复杂，下游应用丰富。由于储能轮体、储能电机等核心部件是其技术的关键所在，上游的零部件供应商也往往作为中游的系统集成商。

　　飞轮储能上游材料、零部件及关键设备主要包括飞轮转子、电机和轴承等；中游环节系统集成主要是电能变换系统、监测系统、冷却系

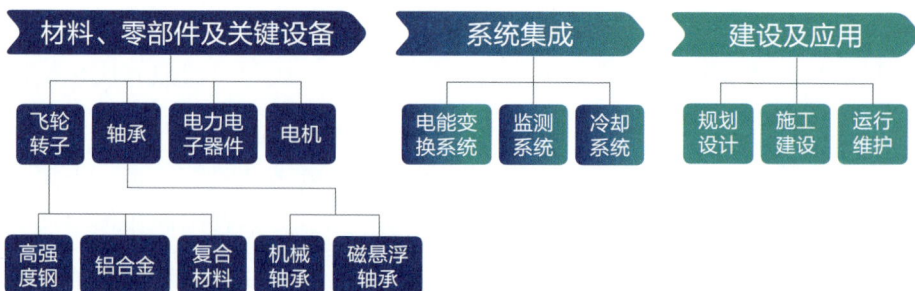

图 1-7　飞轮储能产业链构成示意图

统；飞轮储能下游建设及应用环节涉及规划设计、施工建设、运行维护等。

　　我国已初步形成了一定规模的新型储能产业链。锂离子电池储能产业链较为完备，关键技术装备总体达到国际领先水平，但上游锂资源、控制芯片等关键设备自给能力不足。液流电池领域，我国已初步形成以全钒液流电池为主的液流电池产业链，其他液流电池技术路线的产业链也在加快形成，国产隔膜的工艺、稳定性仍有待提高。压缩空气储能、钠离子电池储能、飞轮储能、重力储能等新型储能技术总体处于与国外并跑并小幅领先国外的水平，均形成了一定规模的长板产业环节。未来，仍需完善新型储能相关产业链，通过持续的技术创新和规模化效应提高技术性能，降低新型储能造价，推动各类新型储能规模化应用。

10　我国新型储能建设规模如何？

　　为提升新型储能行业管理信息化、智能化水平，国家能源局于2021年依托电力规划设计总院建设全国新型储能大数据平台，建立了新型储能项目单位申报、县（区、市）能源主管部门核实、省级能源主管部门上报的数据统计机制，首次搭建了新型储能官方统计体系。

　　基于该平台，国家能源局公开数据显示，截至2023年底，全国已建成投运新型储能项目累计装机规模达31.39GW/66.87GWh，平均储能时长2.1h，近10倍于"十三五"末装机规模。2023年新增装机规模约22.60GW/48.70GWh，较2022年底增长近260%。我国新型储能装机规模发展趋势如图1-8所示。

　　根据全国新型储能大数据平台，2023年全国分地区新型储能装机情况如图1-9所示。从地域上来看，截至2023年底，新型储能累计装机规模排名前5的省区分别是：山东3.98GW/8.02GWh、内蒙古

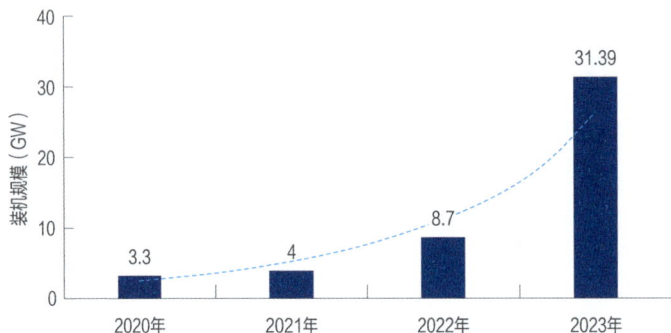

图 1-8　我国新型储能装机规模发展趋势

数据来源：全国新型储能大数据平台，电力规划设计总院研究成果

3.54GW/7.10GWh、新疆 3.09GW/9.52GWh、甘肃 2.93GW/6.73GWh、
湖南 2.66GW/5.31GWh，宁夏、贵州、广东、湖北、安徽、广西 6 省区
装机规模超过 1GW。分区域看，华北、西北地区新型储能发展较快，
装机占比超过全国 50%，其中西北地区占 29%，华北地区占 27%。

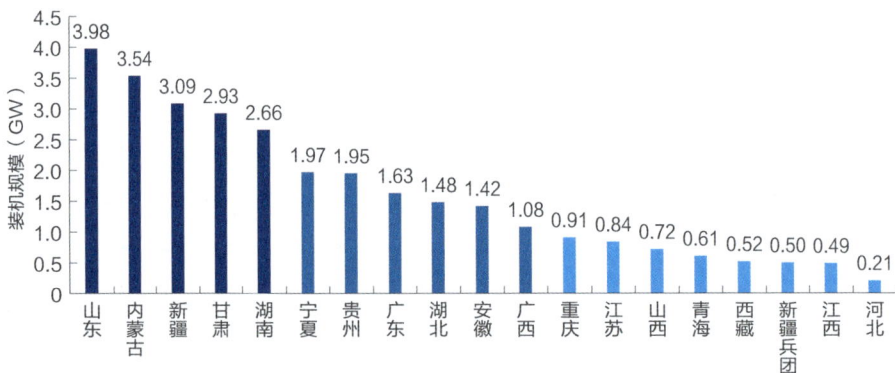

图 1-9　2023 年全国分地区新型储能装机情况

数据来源：全国新型储能大数据平台，电力规划设计总院研究成果

2023 年全国新型储能应用场景分布情况如图 1-10 所示。从应用场
景上来看，新型储能多应用场景发挥功效，有力支撑新型电力系统构
建。一是促进新能源开发消纳，截至 2023 年底，新能源配建储能装机
规模约 12.36GW，主要分布在内蒙古、新疆、甘肃等新能源发展较快

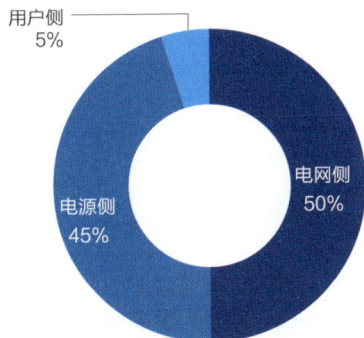

图 1-10 2023 年全国新型储能应用场景分布情况

来源：全国新型储能大数据平台

的省区。二是提高系统安全稳定运行水平，独立储能、共享储能装机规模达 15.39GW，占比呈上升趋势，主要分布在山东、湖南、宁夏等系统调节需求较大的省区。三是服务用户灵活高效用能，广东、浙江等省工商业用户储能迅速发展。

2023 年底新型储能技术路线情况如图 1-11 所示。从技术路线上看，锂离子电池储能仍占绝对主导地位，压缩空气储能、液流电池储能、飞轮储能等技术快速发展，重力储能、液态空气储能、二氧化碳储能等新技术落地实施，总体呈现多元化发展态势。截至 2023 年底，已投运锂离子电池储能占比 97.4%，铅酸（炭）电池储能占比 0.5%，压

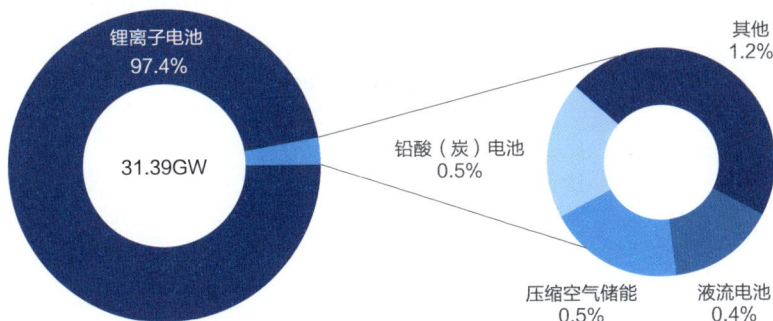

图 1-11 2023 年底新型储能技术路线情况

来源：全国新型储能大数据平台

缩空气储能占比 0.5%，液流电池储能占比 0.4%，其他新型储能技术占比 1.2%。

11 我国新型储能行业的标准体系如何？

标准为新型储能技术创新和工程化应用提供依据，是支撑新型储能技术创新、产业安全、规模化发展的重要一环。我国从 2010 年开始开展电力储能标准的制定，经过多年的发展，已初步建立新型储能标准体系，如图 1-12 所示。按照新型储能电站的建设要求，综合不同的功能要求、产品和技术类型、各子系统间的关联性，将新型储能标准体系框架分为基础通用、规划设计、设备试验、施工验收、并网运行、检验监测、运行维护、安全应急八个方面。

2023 年 2 月 5 日，国家标准化管理委员会、国家能源局联合印发《新型储能标准体系建设指南》，随通知下发《新型储能标准体系表》，涵盖新型储能领域国家标准和行业标准超过 200 项。

从技术路线来看，不同技术路线的标准完善度差异较大，已发布标准以电化学储能类型为主，占比超过 95%；在编的标准中，已经开展压缩空气储能、飞轮储能、超级电容储能等相关导则和规范编制。

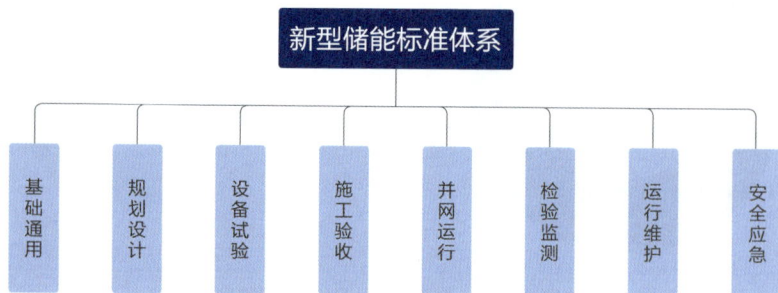

图 1-12　新型储能标准体系架构图

从标准系列来看，现有标准中以设备试验、并网运行、检验监测类为主，三类标准占比超过60%，基础通用、施工验收、规划设计等系列标准数量较少。各类新型储能标准在现有标准中所占比例情况如图 1-13 所示。

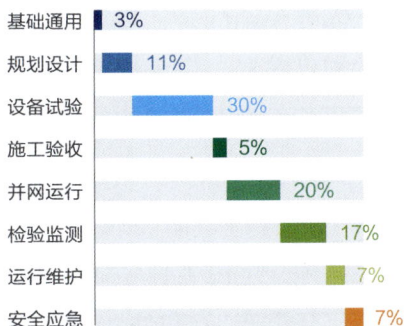

图 1-13　各类新型储能标准在现有标准中占比情况

在国家标准方面，我国新型储能领域标准超过 80 项，现行国家标准以设备试验为主，基础通用、施工验收、运行维护等其余类别占比较低。各类新型储能标准在现行国家标准中所占比例情况如图 1-14 所示。

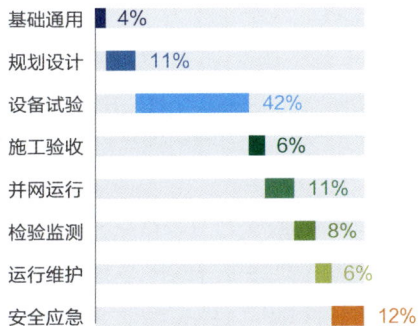

图 1-14　各类新型储能标准在现行国家标准中占比情况

在行业标准方面，我国新型储能领域标准 148 余项，现有行业标准以设备试验、并网运行、检验监测为主，基础通用、施工验收等其余类别占比较低。各类新型储能标准在现行行业标准中所占比例情况如图 1-15 所示。

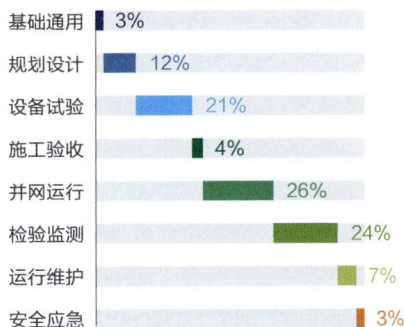

图 1-15　各类新型储能标准在现行行业标准中占比情况

需要说明的是，规划设计作为新型储能项目的龙头环节，对新型储能的规模布局、设备选型、调度运行、维护检修等环节都有深刻影响。为解决新能源基地配建新型储能的配置规模、方式等相关技术原则和计算方法问题，国家能源局于 2023 年 6 月，出台了行业标准《新能源基地送电配置新型储能规划技术导则》（NB/T 11194—2023），明确了新能源基地送电配置新型储能规划工作涉及的配置规模、技术选型、选址规划、建设布局与时序、系统接入、继电保护以及技术经济分析的原则和计算方法，为我国沙漠、戈壁、荒漠大型新能源基地送电配置新型储能提供技术指导，填补我国在该领域的标准空白。

12　新型储能如何支撑新型电力系统建设？

2021 年 3 月 15 日，习近平总书记在中央财经委员会第九次会议上对能源电力发展作出了系统阐述，首次提出构建新型电力系统。2023 年 7 月 11 日，中央深改委会议审议通过《关于深化电力体制改革加快构建新型电力系统的指导意见》，强调要深化电力体制改革，加快构建清洁低碳、安全充裕、经济高效、供需协同、灵活智能的新型电力系统，并提出到 2035 年，新型电力系统基本建成，我国电力体制和制度优势进一步彰显，为基本实现社会主义现代化提供有力支撑。

新型储能具有调峰、调频、调压、备用等多重功能，依托系统友好型"新能源＋储能"电站、基地化新能源配建储能、电网侧独立（共享）储能、用户侧储能削峰填谷等模式，通过储电、储热、储气和储氢等多种低成本、高效率、大容量储能技术的有机结合，并在电源、电网、负荷侧协同应用，实现日内、日以上、跨季节等不同时间的平衡调节，从不同时间和空间尺度满足大规模可再生能源的调节和存储需求，提升电网对清洁能源的接纳、配置和调控能力，有效支撑新型电力系统建设。

第二章

锂离子电池储能

13 锂离子电池储能的工作原理是什么？

现代锂离子电池的正负极均由锂离子可以嵌入和脱嵌的材料构成，充放电过程伴随着锂离子在正、负极之间往返嵌入和脱嵌，这类正负极都是基于嵌入－脱嵌原理的电池也被形象地称为"摇椅电池"。充电时，锂离子从正极材料主体结构中脱出，在电场力的作用下经电解液迁移到负极，并嵌入负极材料主体结构，同时电子经过外电路流动到负极。放电时，锂离子从负极材料主体结构中脱出，经电解液进入正极材料主体结构，电子经过外电路流动到正极。

以正极为磷酸铁锂（$LiFePO_4$）、负极为石墨的磷酸铁锂电池充放电过程为例：充电时，锂离子从 $LiFePO_4$ 脱出后，$LiFePO_4$ 转化成磷酸铁（$FePO_4$），同时锂离子和电子分别经过电解液和外电路嵌入负极石墨材料，形成锂－石墨层间化合物；放电时，锂离子从负极石墨层间脱出，并经过电解液嵌入正极材料中，正极 $FePO_4$ 转化为 $LiFePO_4$，其工作原理如图 2-1 所示。在充放电过程中，正负极材料的晶格结构基本不发生变化，具有良好的循环稳定性。

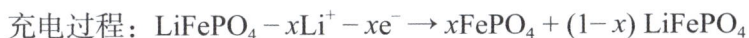

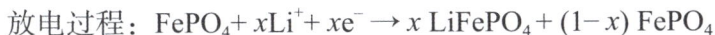

充电过程：$LiFePO_4 - xLi^+ - xe^- \rightarrow xFePO_4 + (1-x) LiFePO_4$

放电过程：$FePO_4 + xLi^+ + xe^- \rightarrow x LiFePO_4 + (1-x) FePO_4$

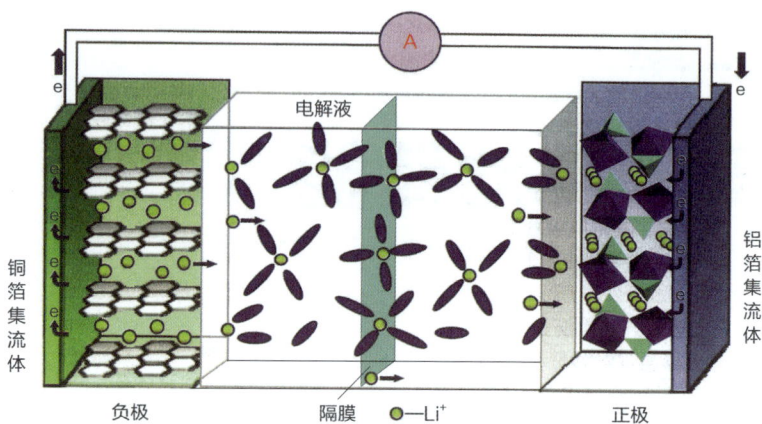

图 2-1　磷酸铁锂电池工作原理示意图（放电过程）
来源：金阳．锂离子电池储能电站早期安全预警及防护

　　锂离子电池的结构一般包括正极、负极、电解液、隔膜、正负极集流体、正负极端子、安全阀、电池壳等，其中正极、负极、电解液、隔膜四部分是决定电池性能的关键部件。

　　根据正负极材料的不同，工程化应用的锂离子电池目前主要有磷酸铁锂电池、三元锂离子电池、钛酸锂电池等不同类型。磷酸铁锂电池正极材料是较为稳定的橄榄石结构，因此有较好的循环性能和安全性能。三元锂离子电池正极材料为层状结构，具备优异的温宽和倍率性能，同时能量密度高。钛酸锂电池使用尖晶石结构的钛酸锂作为负极材料，替换了层状结构的石墨，有更好的倍率性能、低温性能和循环寿命，但电池能量密度相对较低。以上三类锂离子电池的主要技术特性如表 2-1 所示。

　　根据外形不同，锂离子电池可分为方形电池、软包电池、圆柱形电池等，如图 2-2 所示。由于方形电池在生产、集成等方面的优势，在国内储能领域占据主导地位。

表 2-1　典型锂离子电池技术特性

电池参数	磷酸铁锂电池	三元锂离子电池	钛酸锂电池
正极材料	磷酸铁锂	三元材料	三元材料
负极材料	石墨	石墨	钛酸锂
额定电压（V）	3.2	3.7	2.3
能量密度（Wh/kg）	150~200	230~300	60~120
运行温度（℃）	充电：-10~55 放电：-30~55	-10~55	-30~55
存储温度（℃）	-30~60	-40~60	-30~55
倍率（C）	1~6	1~5	1~10
循环寿命（次）	6000~12000	2000~5000	8000~30000
优点	循环寿命长、能量密度较高、安全稳定性相对较好等	能量密度高、循环性能好、宽温性能好，倍率特性好等	充放电响应速度快、倍率特性好、循环寿命长、宽温性能好、安全性较好等

注：倍率指电池在充放电时，其充放电电流与额定容量的比值，通常采用 C 表示。例如，额定容量为 5Ah 的电池，以 5A 电流进行放电，则倍率为 5A/5Ah=1C；以 10A 电流进行放电，则倍率为 10A/5Ah=2C。

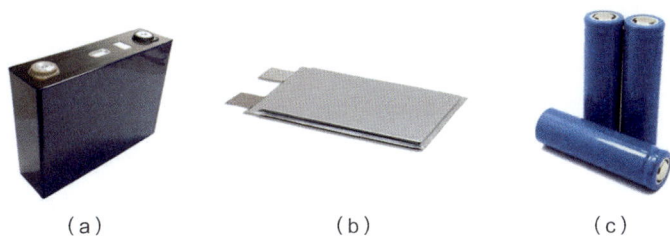

（a）　　　　　　　（b）　　　　　　　（c）

图 2-2　电芯外形样式图

（a）方形；（b）软包；（c）圆柱形

　　需要说明的是，并不是所有的锂离子电池都是"摇椅电池"，例如在锂离子电池研究早期出现的正极为二硫化钛，负极为锂金属的锂硫电池，其电极反应是金属锂的溶解-沉积，而不是基于嵌入-脱嵌原理，不能称为"摇椅电池"。

14 锂离子电池的发展历程是怎样的？

1958 年

非水有机电解液出现，锂元素开始用于电池领域。

1958 年，美国加州大学的 William Sidney Harris 提出了非水有机电解液，为锂离子电池的后续研究提供了可能。其后，开发的锂一次电池（即锂原电池）开始逐渐用于军事、航空、医药等对电池能量密度要求高的领域。

1976 年

锂二次电池嵌入 − 脱嵌机理明确。

1976 年，美国埃克森美孚公司（Exxon Mobil Corporation）的 Michael Stanley Whittingham 研究出了一种二硫化钛（TiS_2）正极，率先明确提出了嵌入 − 脱嵌的机理，确定了锂二次电池（即锂可充电电池）基于嵌入 − 脱嵌机理的发展路线，大大提高了充放电反应的可逆性。

1977 年

正负极均采用嵌入化合物的"摇椅电池"方案提出。

1977 年，法国科学家 Michel Armand 在专利中提出石墨嵌入化合物可以充当锂离子电池负极材料，并于 1980 年提出"摇椅电池"的概念，锂二次电池的正负两极均采用嵌入化合物。

1980 年

"摇椅电池"适用的嵌锂正极材料相继问世。

1980 年，美国得克萨斯大学奥斯汀分校的 John Bannister Goodenough 研究出了一种插层型正极钴酸锂，并相继提出锰酸锂（1983 年）、磷酸铁锂（1996 年）等适用于锂离子嵌入 − 脱嵌的正极材料。时至今日，许多锂离子电池依然在使用相关材料制作正极。

1986 年

"摇椅电池"用嵌锂负极材料确定。

1986 年，日本旭化成公司的研究员 Akira Yoshino 构建了第一个锂离子电池模型，负极为硬碳、正极为钴酸锂。现代锂离子电池的负极材料由此确定。

1991 年

第一块商用锂离子电池发布。

1991 年，日本索尼公司率先发布世界上第一块以硬碳为负极，以钴酸锂作正极的商用锂离子电池，产品型号为 18650，装配在索尼自产的家用摄像机中。

1992 ~ 2003 年

锂离子电池以 18650 型号消费电池为主，开始在手机等 3C 数码设备全面取代镍氢 / 镍镉电池。

期间，1997 年

我国第一条锂离子电池生产线建成。

1997 年，中国科学院物理研究所陈立泉院士团队在前期研究基础上，以国产设备、国产材料及国产工艺为主，建成我国首条 18650 中试产线，解决了锂离子电池规模化生产过程遇到的技术和工程问题，奠定了我国锂离子电池产业化的基础。此后，国内锂离子电池相关企业先后成立，实现了锂离子电池产业化，并依托技术性能和成本优势，与日本、韩国电池产品竞争手机等 3C 数码电池市场。

期间，1999 年

三元［镍（Ni）、钴（Co）、锰（Mn）］层状结构正极材料被提出。

镍酸锂（$LiNiO_2$）材料曾被认为是最有希望的锂离子电池正极材料。20 世纪 90 年代后期，为解决 $LiNiO_2$ 的结构稳定性和热稳定性差的问题，Co 和 Mn 被以体相掺杂的方式引入其晶体结构中，由此最早的镍钴锰酸锂三元材料应运而生。

2004～2007 年

软包聚合物锂离子电池开始广泛应用于手机及周边设备，同时多家公司开始探索锂离子电池在电动车领域的应用，锂离子电池在储能领域的应用同期也开始示范试点。

2008 年起

锂离子电池开始批量进入电动车应用领域，并逐步在工业储能、家庭储能、两轮车、工具车、不间断电源等领域取代铅酸电池，成为电化学储能的主导技术。在商业化发展过程中，锂离子电池单体性能得到了快速提升。得益于锂离子电池集成技术的发展，电池系统电压、功率和容量的增加使其开始逐步应用于交通领域和能源领域。

2011～2017 年

兆瓦级至十兆瓦级不同规模锂离子电池储能系统进入功能验证与商业化探索的发展阶段。

兆瓦级锂离子电池储能逐步应用于电力系统的电源侧、电网侧和用户侧。2011 年，我国首个兆瓦级电网侧锂离子电池储能电站——南方电网深圳宝清储能电站一期工程投运，设计规模为 10MW/40MWh，首期工程规模为 4MW/16MWh，通过 10kV 变压器接入电网。该电站在国内首次实现了配电网侧的电池储能电站接入调度系统，并依据电网需求开展了负荷削峰填谷、系统调频、系统调压和孤岛运行的示范应用，是国内首个配电侧兆瓦级锂离子电池储能电站应用的标杆性成果。

2011 年 12 月，国家风光储输示范工程（一期）在河北省张家口市张北县竣工投运，是当时世界上规模最大的集风力发电、太阳能光伏发电、储能装置和智能输电"四位一体"的新能源综合性示范工程。一期工程建设风电装机容量 98.5MW、光伏发电容量 40MW 和储能容量 20MW，其中储能系统采用了包括磷酸铁锂电池、钛酸锂电池、铅酸电池等在内的多种技术路线，自主创新的大规模多类型电池储能电站集成及调控、风光储联合发电集成与监控等技术均达到国际领先水平。

2018 年

百兆瓦级锂离子储能电站规模化发展。

随着新能源发展快速推进，电力系统对新型储能等灵活调节资源提出了更大和更高需求，大量百兆瓦级储能电站建成投运。

2018 年 7 月，江苏省镇江市 101MW/202MWh 电网侧储能电站示范工程投运，其工程现场如图 2-3 所示；2018 年 12 月，河南省洛阳市黄龙 100MW 分布式电池储能电站全容量并网。河南省、江苏省两个百兆瓦级电站的并网投运，标志着锂离子电池储能电站在电网侧向百兆瓦级规模化发展。

2018 年 12 月，鲁能海西州多能互补集成优化国家示范工程 50MW/100MWh 储能电站并网运行，是国内首个电源侧接入的百兆瓦时级集中式电化学储能电站。

图 2-3　江苏省镇江市电网侧储能电站

来源：中国能源建设集团江苏省电力设计院有限公司

2023 年以来

锂离子电池储能装机规模占主导地位，储能电站规模向吉瓦时级迈进。

根据国家能源局官方发布数据，截至 2023 年底，新型储能装机规模中，已投运锂离子电池储能占比 97.4%，占据主导地位，且单个电站规模已迈向吉瓦时级。

2024 年 7 月，华电海西托格若格共享储能电站项目成功并网，项目总建设规模为 270MW/1080MWh。该项目是国内一次性投产的最大规模电化学储能项目，同时也是高寒、高海拔地区建成投产规模最大的智慧化共享储能电站。

15 锂离子电池的正极材料主要有哪些？

锂离子电池正极材料起到锂源的作用，不仅要提供在可逆的充放电过程中往返于正负极之间的锂离子（Li^+），还要提供首次充电过程中在负极表面形成固体电解质界面膜时所消耗的 Li^+，对锂离子电池能量密度、功率密度、循环性能及安全性能等均具有重要影响。通常正极材料的选择应满足以下条件：

1 提供较高的电极电位，实现较高的电池输出电压。

2 电压平台稳定，以保证电极输出电位的平稳。

3 电化学当量小，能够可逆脱嵌的 Li^+ 量大，使电池具有较高的能量密度。

4 Li^+ 扩散系数高，电极界面稳定，使电池可适用于大倍率充放电场景。

5 充放电过程中结构稳定，可逆性好，保证电池的循环性能良好。

6 化学稳定性好，无毒，资源丰富，制备成本低。

在目前的锂离子电池体系中，正极材料的比容量是限制电池能量密度的主要因素，以磷酸铁锂电池为例，磷酸铁锂正极材料理论比容量为 170mAh/g，而负极石墨材料理论比容量为 372mAh/g。同时，在电池的生产中，正极材料的成本占总材料成本的 50% 左右，制备低成本、高能量密度的正极材料是目前锂离子电池研究与生产的重要目标。

根据晶体结构不同，锂离子电池正极材料可分为层状结构、尖晶石结构和橄榄石结构三大体系。

▶ **层状结构正极材料：钴酸锂（$LiCoO_2$）**

$LiCoO_2$ 是第一代商业化锂离子电池的正极材料。1980 年 John Bannister Goodenough 等人首先由碳酸钴和碳酸锂在高温下合成了 $LiCoO_2$。1991 年，日本索尼公司推出首款商用锂离子电池，就以 $LiCoO_2$ 为正极材料。

$LiCoO_2$ 为层状岩盐结构，其结构如图 2-4 所示，理论比容量为 274mAh/g，具有电化学性能稳定、体积能量密度高、易于合成等优点。$LiCoO_2$ 为正极材料的锂离子电池主要应用于传统 3C 电子产品。为适应 3C 产品更轻薄和更高待机时长的需求，研究人员通过掺杂、包覆等手段将 $LiCoO_2$ 充电截止电压逐步从 4.2V 提高到 4.5V，使其可逆比容量从 140mAh/g 提高到 180~190mAh/g。

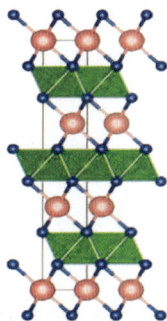

图 2-4　层状 $LiCoO_2$ 结构示意图

来源：Arumugam Manthiram. A reflection on lithium-ion battery cathode chemistry

▶ **尖晶石结构正极材料：锰酸锂（$LiMn_2O_4$）**

在锂离子电池正极材料研究中，一个受到重视并且已经商业化的正极材料是 1983 年提出的尖晶石 $LiMn_2O_4$ 正极材料，其结构如图 2-5 所示。$LiMn_2O_4$ 理论比容量为 148mAh/g，可逆比容量能够达到 140mAh/g。$LiMn_2O_4$ 具有三维锂离子输运特性，导电、导锂性能优越，其分解温度高，且氧化性远低于 $LiCoO_2$，即使出现短路或过充电，其电池安全风险也相对较低。$LiMn_2O_4$ 材料成本低、无污染、制备容易，适用于大功率低成本动力电池，可用于电动汽车、便携式储能以及电动工具等领域。

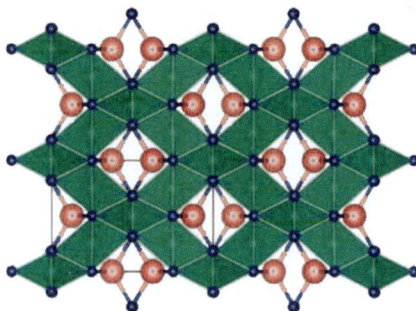

图 2-5　尖晶石 $LiMn_2O_4$ 结构示意图

来源：Arumugam Manthiram. A reflection on lithium-ion battery cathode chemistry

▶ 橄榄石结构正极材料：磷酸铁锂（$LiFePO_4$）

1996 年，美国科学家 John Bannister Goodenough 等人提出橄榄石结构的磷酸铁锂可以用作锂离子电池正极材料，其结构如图 2-6 所示。

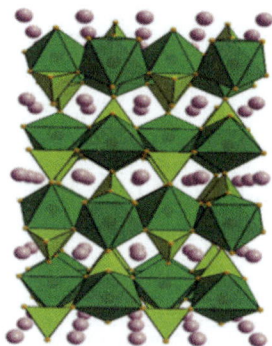

图 2-6　橄榄石 $LiFePO_4$ 结构示意图

来源：Padhi A K, Nanjundaswamy K S, Goodenough J B. Mapping of transition metal reclox energies in phosphates with NASICON structure by lithium intercalation

目前 $LiFePO_4$ 的可逆比容量已经接近其理论值 170mAh/g。$LiFePO_4$ 材料主要金属元素是铁，因此在成本和环保方面有着很大的优势。同时，其具有更长循环寿命、更高稳定性、更安全可靠等优点，已被大规模应用于电动汽车、规模储能、备用电源等领域。

在上述三类体系中，通过改变过渡金属或聚阴离子的种类，还发展出了一系列的正极材料，且部分已经被应用在工业中，如镍钴锰酸锂（$LiNi_xCo_yMn_{1-x-y}O_2$）三元材料（其结构如图 2-7 所示）和磷酸锰铁锂（$LiFe_xMn_{1-x}PO_4$）；一部分目前还没有广泛地被应用，但被认为是有希望的下一代锂离子电池正极材料，如高电压尖晶石结构镍锰酸锂（$LiNi_{0.5}Mn_{1.5}O_4$）和层状富锂锰基材料等。

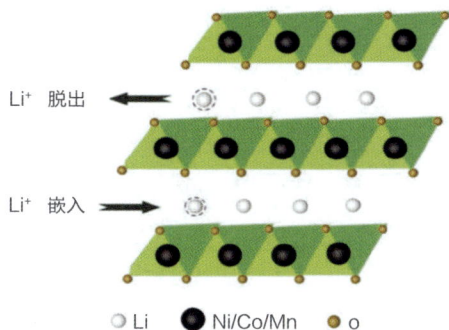

Li⁺ 脱出

Li⁺ 嵌入

○ Li　● Ni/Co/Mn　• o

图 2-7　层状 $LiNi_xCo_yMn_{1-x-y}O_2$ 结构示意图

来源：Ohzuku T, Makimura Y. Layered lithium insertion material of $LiCo_{1/3}Ni_{1/3}Mn_{1/3}O_2$ for lithium-ion batteries

未来，正极材料的主要发展思路是在 $LiCoO_2$、$LiMn_2O_4$、$LiFePO_4$ 等材料的基础上发展相关的各类衍生材料，通过掺杂、包覆、调整微观结构，控制材料形貌和杂质含量等技术手段，来综合提高其比容量、倍率性能、循环性能、压实密度，以及电化学、化学和热稳定性。当前，锂离子电池的重要研发方向是提高能量密度，其关键在于提高正极材料的容量或者电压。正极材料电压的提高会同步要求与之匹配的电解液及相关辅助材料能够在更宽电位范围内工作，因此下一代高能量密度锂离子电池正极材料的发展需与高电压电解液技术的进步相协同。

16 锂离子电池的负极材料主要有哪些？

目前商业化锂离子电池采用的负极材料主要包括碳材料及非碳材料，其中，碳材料包括石墨类材料和无定形碳材料（硬碳、软碳）等；非碳材料包括钛酸锂、过渡金属氧化物、锂金属、硅基材料等。

▶ 碳负极材料

石墨是目前应用最为广泛的锂离子电池负极材料，其结构如图 2-8（a）所示。锂离子可以嵌入石墨晶体的层间而不影响石墨的二维网状结构，仅会引起石墨层间距在应力范围内略微增加。在石墨嵌锂过程中，存在着 LiC_6（1阶）、LiC_{12}（2阶）、LiC_{24}（3阶）、LiC_{36}（4阶）四种插层化合物。随着锂离子嵌入量的增加，高阶化合物向低阶化合物转变。根据来源不同，石墨又分为天然石墨、人造石墨。人造石墨的电化学性能通常优于天然石墨，同时通过表面包覆等改性处理，可提高石墨负极的库仑效率和循环性能。

无定形碳包含硬碳和软碳，其结晶度低，片层结构不如石墨规整有序。

硬碳又称难石墨化碳材料，其结构如图 2-8（b）所示，是高分子聚合物的热解碳的无定形结构，在 2500℃以上的高温也难以石墨化。硬碳材料具有循环性能好、比容量高等优点，但其首周库仑效率过低、电位滞后、低电位储锂的倍率性能较差等缺点都影响了应用。从实际应用看，硬碳在中低电位由于较差的倍率性能和锂析出问题而基本不能利用，在斜坡段储锂的倍率性能较好，更适合用于高功率的动力锂离子电池。

软碳又称为易石墨化碳材料，其结构如图 2-8（c）所示，是指在高温 2500℃以上处理后会石墨化，但并未经过高温处理的碳材料，一般由小的石墨纳米晶粒组成，长程无序。常见的软碳材料主要有石油焦、碳纤维、针状焦等。软碳材料具有对电解液适应性强，耐过充、过放能力强，循环较好等优点，但其首周不可逆容量较大，充放电曲线上无电位平台，在 0 ~ 1.2V 内呈斜坡，造成对锂平均电位较高以至于锂离子电池端电压较低，压实密度低，相对于石墨类负极材料电池的能量密度偏低，在混合动力汽车等方面有一定的应用。

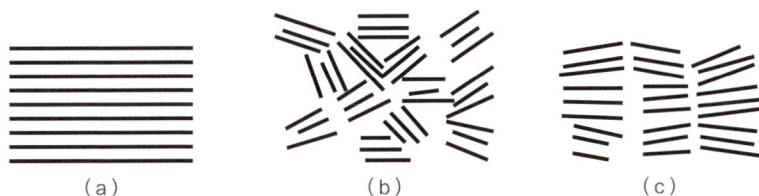

图 2-8　锂离子电池碳负极材料结构示意图

（a）石墨；（b）硬碳；（c）软碳

来源：罗飞，褚赓，黄杰，等 . 锂离子电池基础科学问题（Ⅷ）——负极材料

▶ 钛酸锂负极材料

基于嵌入－脱嵌机理的具有立方尖晶石结构的钛酸锂（$Li_4Ti_5O_{12}$）也可以作为锂离子电池的负极材料，其结构如图 2-9 所示。由于锂离子嵌入－脱出前后 $Li_4Ti_5O_{12}$ 的体积变化不到 1%，是较为少见的"零应变"材料，有利于电极材料及电池结构的稳定，能够实现较长循环寿命。经过表面改性提高其室温导电性后，$Li_4Ti_5O_{12}$ 具有非常优异的循环性能和倍率性能，但其理论比容量较低（175mAh/g），工作电压平台（1.55V $vs.$ Li^+/Li）较高，导致电池的能量密度较低。

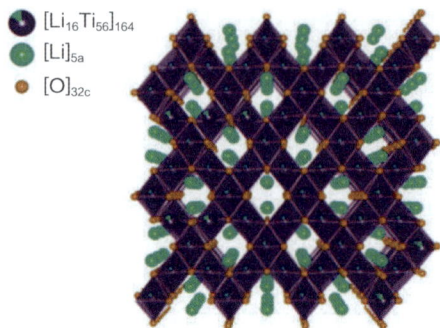

钛酸锂（$Li_4Ti_5O_{12}$）

图 2-9 尖晶石 $Li_4Ti_5O_{12}$ 的结构示意图

来源：罗飞，褚赓，黄杰，等. 锂离子电池基础科学问题（Ⅷ）——负极材料

$Li_4Ti_5O_{12}$ 在应用时面临的一个问题是嵌锂态钛酸锂与电解液发生化学反应导致电池胀气，特别是在较高温度下，引起锂离子电池容量衰减、寿命缩短、安全性能下降。$Li_4Ti_5O_{12}$ 循环性能和倍率性能特别优异，因此在功率型锂离子电池方面具有一定的应用。

▶ 过渡金属氧化物负极材料

不含锂源的过渡金属氧化物也可作为负极材料。过渡金属氧化物负极材料可以分为两类，一类是锂离子的嵌入仅引起材料结构改变、没有氧化锂（Li_2O）形成的过渡金属氧化物，如二氧化钼（MoO_2）、二氧化钨（WO_2）、氧化铁（Fe_2O_3）、二氧化钛（TiO_2）、五氧化二铌（Nb_2O_5）等材料；第二类是 M_xO_y［M= 钴（Co）、镍（Ni）、铜（Cu）、铁（Fe）］为代表的过渡金属氧化物，锂离子嵌入时有 Li_2O 的形成。

尽管过渡金属氧化物 M_xO_y 的理论比容量较高，但是限制其实际应用的缺点包括：①电压平台较高（1.0～2.5V *vs.* Li^+/Li）；②极化电压较大（1V 左右）；③首周库仑效率低（< 80%）；④充放电过程中体积变化较大；⑤固体电解质界面膜（solid electrolyte interphase, SEI）较厚；

⑥循环性能较差。目前，大量的研究是通过材料设计，改善其循环性能和倍率特性，但是过渡金属氧化物负极材料存在的问题（特别是极化偏大的问题）并没有得到完全解决，因此尚无实际应用。

▶ 锂金属负极材料

锂金属负极材料的储锂机理是锂的溶解和沉积：放电时锂金属失去电子，生成锂离子进入溶液；充电时锂离子还原为锂金属沉积在锂负极表面。最早的锂电池使用金属锂作为负极，其理论比容量高达 3860 mAh/g，具有最低的电化学势（-3.04 V $vs.$ SHE），金属锂可与无锂的正极［如硫（S），氧气（O_2），二氧化碳（CO_2）］构建下一代锂金属电池，如 $Li-O_2$ 电池可以达到 3458 Wh/kg 的理论能量密度，Li-S 电池可以达到 2600 Wh/kg 的理论能量密度，远高于当今锂离子电池的能量密度。除此之外，如果与已经商业化的锂过渡金属氧化物正极匹配，能量密度也能达到 440Wh/kg，是石墨负极能量密度的两倍以上。

在商业化之前，锂金属电池需要解决安全风险高和循环寿命差的问题。由于锂的不均匀沉积而形成锂枝晶，可能刺破隔膜，造成正极和负极材料接触，引发电池内短路和热失控行为。同时，锂枝晶的表面与电解液反应，会生成厚厚的 SEI 膜，被 SEI 膜包裹的锂枝晶如果脱落下来，就变成死锂，从而消耗大量的活性锂，导致电池库仑效率降低和循环寿命变差。

▶ 硅基负极材料

硅材料因其高的理论比容量（4200mAh/g）、环境友好、储量丰富等特点，而被视为下一代高能量密度锂离子电池的负极材料。

然而，硅基负极材料在储锂过程中存在较大的体积变化，导致活性物质从导电网络中脱落，造成硅颗粒产生裂纹粉化，从而严重地影响硅基负极的循环性能。同时，硅颗粒的粉化也使得表面 SEI 膜不断破裂与再生，导致库仑效率降低。为解决硅基材料膨胀、失效等问题，现在行业采用的硅基负极改性方法包括硅氧化、纳米化、复合化、多孔化、合金化、预锂化等，其中复合化、硅氧化、纳米化和预锂化技术已较为成熟。目前技术成熟度较高的硅基负极材料主要包括碳包覆氧化亚硅、纳米硅碳复合材料和无定形硅合金等。商业化应用中，硅负极主要采用掺混的方式加入石墨负极中，近些年已开始应用于手机电池、动力电池等。

　　总体来看，锂离子电池负极材料的主要发展思路是朝高功率密度、高能量密度、高循环性能和低成本的方向发展。高容量的合金类负极（如硅负极材料）已获得商业应用，锂硫电池以及锂－空气电池等金属锂电池也有望实现突破。

17　锂离子电池的电解液由什么组成？

　　电解液是锂离子电池中离子传输的载体，是锂离子电池获得高电压、高比能等特性的保证。理想的电解液需要满足电导率高、热稳定性好、化学性能稳定、电化学窗口宽、工作温度范围宽、安全性好等性能要求。综合考虑性能和成本，液态有机电解液是目前的主流选择。

　　液态有机电解液主要由溶剂（有机溶剂）、溶质（锂盐）和添加剂按一定比例配制而成，三种原料质量占比为 80%～85%、10%～12%、3%～5%，成本占比为 25%～30%、40%～50%、10%～30%。

　　目前锂离子电池用液态有机电解液的基本组分主要是碳酸乙烯酯（EC）加一种或几种线性碳酸酯作为溶剂，六氟磷酸锂（$LiPF_6$）作为电解液锂盐，再加以必要的添加剂。但是这种体系的电解液也存在一些难以解决的问题，如 $LiPF_6$ 的高温分解导致该电解液无法在高温下使用。该电解液体系的工作温度范围为 $-30 \sim 55℃$，低于 $-30℃$ 时电性能下降是暂时的，温度升高后可以恢复，但是工作温度高于 $65℃$ 时，电解液可能会分解，性能不可恢复。

▶ 溶剂

常见的溶剂有碳酸丙烯酯（PC）、碳酸乙烯酯（EC）、碳酸二甲酯（DMC）、碳酸二乙酯（DEC）、碳酸甲乙酯（EMC）等。

PC 具有宽的液程、高的介电常数和对锂的稳定性，是最早被研究并最早作为日本索尼公司商业化的锂离子电池溶剂材料。但是 PC 作为溶剂也有很多不足，由于它不能在锂离子嵌入之前在石墨负极上形成 SEI 膜，从而随锂离子共嵌入石墨结构，并发生氧化还原分解反应导致石墨结构破坏，与石墨相容性差。

EC 具有较高的分子对称性、较高的熔点。相对于 PC 基电解液，EC 基电解液具有较高的离子电导率、较好的界面性质，能够形成稳定的 SEI 膜，解决了石墨负极的溶剂共嵌入问题。但是 EC 的高熔点限制了电解液在低温环境的应用。为了使 EC 基电解液能够应用于低温，科研工作者试图在电解液中加入线性碳酸酯（DMC、DEC、EMC 等）作为共溶剂来实现。目前，常用的锂离子电池电解液溶剂主要是由 EC 和一种或几种线性碳酸酯混合而成。

▶ 溶质（锂盐）

目前锂离子电池电解液中常规锂盐有六氟磷酸锂（$LiPF_6$）、四氟硼酸锂（$LiBF_4$），新型锂盐有双氟磺酰亚胺锂（LiFSI）、双（三氟甲基磺酸）亚胺锂（LiTFSI）、二草酸硼酸锂（LiBOB）、高氯酸锂（$LiClO_4$）、六氟砷酸锂（$LiAsF_6$）等。

$LiPF_6$ 是目前锂离子电池中广泛使用的锂盐，虽然其单一的性能并不是最优的，但综合性能较有优势。$LiPF_6$ 在常用有机溶剂中具有比较适中的离子迁移数、适中的解离常数、较好的抗氧化性能和良好的铝箔钝化能力，能够与各种正负极材料匹配。同时，$LiPF_6$ 也有不足，如 $LiPF_6$ 化学和热力学性能不稳定，即使在室温下也会发生分解反应，在高温下分解尤其严重；$LiPF_6$ 对水比较敏感，痕量水的存在就会导致其分解，其分解产物主要是氢氟酸（HF）和氟化锂（LiF），其中 HF 会溶解正极材料活性组分，LiF 会导致界面电阻的增大，两者均会影响锂离子电池的循环寿命。

$LiBF_4$ 的高温性能和低温性能均比较好，抗氧化性能和 $LiPF_6$ 比较接近，但解离常数小、电导率不高，且容易与金属锂发生反应，限制了其大规模应用。

▶ 添加剂

电解液中添加剂一般用量少，但是能显著改善锂离子电池性能，其作用包括提高电解液的电导率、提高电池的循环性能、改善电极的成膜性能等。按照功能不同，添加剂可分为成膜添加剂、离子导电添加剂、阻燃添加剂、过充保护添加剂、高/低温添加剂、倍率型添加剂等。

成膜添加剂通过对 SEI 膜的化学性质和表面结构进行优化，改善电极与电解液之间的 SEI 膜成膜性能，包括碳酸亚乙烯酯（VC）、亚硫酸丙烯酯（PS）和亚硫酸乙烯酯（ES）等。离子导电添加剂通过阴阳离子配体或中性配体来提高锂盐的解离度，提高电解液的电导率，包括 12- 冠 -4 醚、阴离子受体化合物和无机纳米氧化物等。阻燃添加剂通过阻断电池受热情况下的链式反应，在一定程度上提高电解液的安全性，包括磷酸三甲酯（TMP）、磷酸三乙酯（TEP）等磷酸酯，二氟乙酸甲酯（MFA）、二氟乙酸乙酯（EFA）等氟代碳酸酯和离子液体等。过充保护添加剂在电池超过工作电压时优先反应，缓解锂离子电池在过充时的安全问题，主要包括氧化还原电对、电聚合和气体发生三种类型的添加剂。

添加剂的种类和作用非常多，除了上文详细描述的之外还有很多其他的功能添加剂，例如甲基乙烯碳酸酯（MEC）和氟代碳酸乙烯酯（FEC）等改善高低温性能的添加剂，二草酸硼酸锂（LiBOB）和二氟草酸硼酸锂（LiODFB）等抑制铝箔腐蚀的添加剂，联苯和邻三联苯等改善正极成膜性能的添加剂，三（2,2,2-三氟乙基）磷酸（TTFP）等提高 $LiPF_6$ 稳定性的添加剂。

易燃的有机电解液给锂离子电池带来了安全风险，过充电、内外短路时电池易发热，引发的热失控会造成有机电解液的挥发与燃烧，导致电池鼓包、自燃甚至是爆炸。有研究人员提出固态电解质，开发固态的、可以传导锂离子的电解质不仅可以避免电池内部易燃物质的使用，而且由于固态电解质比较坚固，可以有效抑制锂枝晶的生长，避免内部短路。还有研究人员提出水系锂离子电池，采用水作为电解液溶剂，水溶剂具有高安全性、低成本、环境友好和高离子电导率等固有优势，从根本上解决有机电解液易燃引起的安全问题。

18　锂离子电池的隔膜材料主要有哪些?

锂离子电池的隔膜位于正极和负极之间，将正极和负极隔开，防止正负极材料直接接触而引起短路，同时允许电解液中的锂离子通过隔膜在正负极间自由移动，而不允许电子通过。

隔膜材料对锂离子电池的安全性能影响大，其性能要求包括：优良的电子绝缘性，以确保正负极材料有效隔开，防止正负极材料直接接触而造成短路；优异的化学稳定性，以保证隔膜在使用时不被电解液腐蚀，且不与电极材料发生反应；优良的热稳定性，在较高的环境温度下不会发生崩塌和收缩；优异的机械强度，在电池加工制造及使用过程中形状不会发生变化，强度和宽度保持不变；较高的孔隙率，使得电解液中锂离子能顺利透过隔膜，并保证电池具有低电阻。

当前，锂离子电池用隔膜材料主要有以下几种：

微孔聚烯烃隔膜

目前，锂离子电池隔膜多为聚烯烃材料制备的微孔膜，主要原料为聚乙烯（PE）和聚丙烯（PP），主流产品包括聚乙烯 PE 单层膜、聚丙烯 PP 单层膜以及 PP/PE/PP 三层复合膜。聚烯烃材料具有强度高、耐酸碱腐蚀性好、防水、耐化学试剂、无毒性、高温自闭性等优点，其工业制备较成熟，是当前应用最为广泛的隔膜材料。但聚烯烃基隔膜的孔隙率通常不超过 50%，热稳定性差，对电解液的润湿性差，这些缺点也制约了它在大功率、高容量储能装置上的应用。

有机 / 无机复合隔膜

有机/无机复合隔膜是一类将无机纳米颗粒材料（如 Al_2O_3、SiO_2 等颗粒）与有机聚合物均匀混合后，涂覆在聚烯烃隔膜基材上的复合材料。通过有机、无机材料的配合互补提高锂离子电池的安全性，既具有有机材料柔韧及有效的闭孔功能，防止电池短路；又具有无机材料传热率低、电池内热失控点不易扩大、电解液的亲和性好的优点，延长了电池的使用寿命。目前已应用于对安全性要求较高的锂离子电池中。此外，无机材料涂覆工艺相对简单，复合膜的制备成本较低。但该隔膜较传统聚烯烃的厚度有所增加，并在一定程度上堵塞微孔，从而降低电池的能量和功率密度；且在高温氧化还原环境下极易脱落，导致电池电极间电流密度不均匀。

纤维素基隔膜

纤维素基隔膜是以纤维素纤维为原料，采用非织造等加工技术制备的锂离子电池隔膜材料。纤维素纤维是自然界中分布最广、储存量最大的天然高分子，与合成高分子相比，纤维素纤维环境友好、可再生、生物相容较好，且纤维素基隔膜具有孔隙结构较大、浸润性好、热稳定性好、化学稳定性好等优点。但其在锂离子电池的中的应用还存在一些不足，主要为纤维素基隔膜较差的机械强度，这一缺点很容易使其在电池组装和锂枝晶产生过程中破裂，从而导致电池电流密度不均或内部短路。

19　什么是 SEI 膜?

在锂离子电池使用过程中，尤其是首次充电过程中，电极材料与电解液在固液相界面上发生氧化还原反应，形成一层覆盖于电极材料表面的界面膜。这种界面膜成分复杂，具有固体电解质的特征，是电子绝缘体，亦是锂离子的优良导体。

一般来说，在负极表面形成的界面膜通称为固体电解质界面膜（solid electrolyte interphase，SEI），在正极表面形成的界面膜通称为正极电解质界面膜（cathode electrolyte interphase，CEI）。尽管正负极材料与电解液接触的界面都会形成界面膜，但通常认为正极 CEI 膜对电池的影响小于负极 SEI 膜，因此提到的界面膜多指负极形成的 SEI 膜。

SEI 膜的形成过程可以分为两个主要阶段：原位形成阶段和后续重构阶段。原位形成阶段即在锂离子电池初次充电时，电解液中的溶剂和锂盐与电极表面的还原产物反应，生成一系列有机和无机化合物。这些化合物会在电极表面聚集，形成一层初始的 SEI 膜。后续重构阶段是随着锂离子的进一步转移和反应，SEI 膜逐渐重构，形成更加稳定和具有较高离子传导性的结构。这个过程中，有机化合物可以被氧化为碳酸盐、聚合物和氧化物，无机盐类可以与锂离子形成稳定的沉淀。SEI 膜的化学成分非常复杂，其形成过程受电极材料表面特性、电解液组成和化成工艺以及各种水、酸杂质等多种因素影响，是多种交叉竞争反应的结果。

SEI 膜直接影响电池的循环寿命、自放电率、安全性等性能，对于电池来说至关重要。SEI 膜的形成一方面消耗了部分锂离子，使得首次充放电后电池可逆容量下降，同时会使电池内阻增加，降低了电池充放电效率。同时，经过长期充放电后，SEI 膜增厚是锂离子电池老化的重要特征。另一方面，SEI 膜可以阻止电解液溶剂分子的通过，从而有效防止溶剂分子的共嵌入，避免了因溶剂分子共嵌入对电极材料造成的破坏，因而大大提高了电极的循环性能和使用寿命。但随着电池的循环使用，SEI 膜会发生退化，导致电池性能下降。同样，SEI 膜的退化是一个复杂的过程，受电解液溶剂、锂盐、添加剂以及电极表面的金属锂或金属合金等多种因素的影响。如：电解质溶剂中的有机溶剂会发生氧化还原分解反应，这些分解产物与 SEI 膜中的成分相互反应，导致 SEI 膜的结构破坏和离子传导通道的堵塞。特别是在高电压和高温条件下，电解液溶剂的分解反应更加剧烈，加速了 SEI 膜的退化过程。

理想的 SEI 膜应具有以下特征：致密，能够有效地防止电解液溶剂的进一步还原以及溶剂共嵌入；具有较高的离子导电性及电子绝缘性；具有良好的热稳定性及化学稳定性。但目前商业化生产锂离子电池只能通过化成充电在电极表面形成 SEI 膜，过程可控性低，无法做到对 SEI 膜形貌结构的定向调控。因此，开发在电极表面可控生长人工 SEI 膜的方法，便捷地制备出满足电池性能需求的 SEI 膜结构，也成为目前锂离子电池产业的研究热点。

20 锂离子电池为什么会老化？

锂离子电池在正常的工作过程中往往伴随着一些副反应，从而引起电池的容量衰减和内阻增加，被称为锂离子电池的老化。锂离子电池的老化过程通常分为日历老化和循环老化。日历老化是指即使电池不进行充放电也无法避免的老化，与运行时间、荷电状态（state of charge，SOC）、温度等相关。循环老化是指因电池充放电导致的加速老化，受运行时的平均荷电状态、温度、电流（充放电倍率）、充放电循环次数和放电深度（depth of discharge，DOD）等因素影响。

锂离子电池的老化过程受多种因素影响，容量及性能衰退通常是多种副反应过程共同作用的结果，与众多物理及化学机制相关，其衰减机理与老化形式十分复杂。综合近年来国内外的研究进展，目前影响锂离子电池容量衰退机理的主因包括：SEI 膜生长、电解液分解、电极活性材料损失、集流体腐蚀等，具体如图 2-10 所示。在实际的锂离子电池老化过程中，各类副反应伴随着电极反应同时发生，各类老化机理共同作用，相互耦合，增大了老化机理研究的难度。

① 正极集流体腐蚀
② 正极接触点损失
③ 颗粒破裂
④ 材料结构变化
⑤ 黏结剂失效
⑥ 金属离子溶解
⑦ 正极 CEI 膜
⑧ 电解液分解
⑨ 水分
⑩ 隔膜氧化
⑪ 副产物阻塞
⑫ 金属离子沉积
⑬ SEI 膜生长
⑭ 锂沉积 / 锂枝晶
⑮ SEI 膜分解
⑯ 颗粒破裂
⑰ 石墨层剥离
⑱ 结构无序比
⑲ 负极集流体腐蚀
⑳ 负极接触点损失

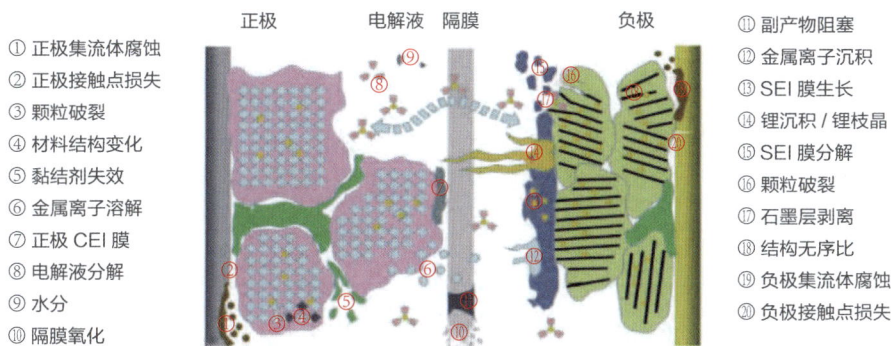

图 2-10　锂离子电池老化综合机理分析

来源：王其钰，王朔，张杰男，等. 锂离子电池失效分析概述

电池负极 SEI 膜生长被认为是目前正常运行工况下的锂离子电池老化的主要因素，它会导致电池内活性锂离子的损失和内阻的增加。

析锂和锂枝晶是最有害的老化现象。极端工况条件（如高倍率充电、高截止电压以及低温运行等）可能导致析锂和锂枝晶的生成，锂枝晶可能穿透隔膜导致电池内部短路，造成安全风险；在锂枝晶生长过程中发生断裂、粉化也会导致形成死锂，造成电池库仑效率的降低以及循环寿命的衰减。因此，锂枝晶是导致锂离子电池安全性问题和可逆容量下降的重要原因，也是制约金属锂电池应用的重要原因。

21 什么是补锂技术?

锂离子电池首次循环时在电极表面形成 SEI 膜将造成不可逆的锂损耗,这是导致锂离子电池实际可用容量在早期快速下降的主要原因,降低了锂离子电池的容量和能量密度。因此有研究人员提出在电池材料体系中引入高锂含量物质,弥补活性锂损失,抵消 SEI 膜生长造成的不可逆锂损耗,这项技术被称为补锂(又称预嵌锂、预锂化)技术。

补锂技术包括正极补锂、负极补锂、电解液补锂、隔膜补锂等,也可通过第三电极进行补锂。

正极补锂技术在正极合浆过程中添加少量高容量材料,再通过充电将正极补锂剂或富锂正极中的锂离子推送至负极实现间接补锂。正极补锂安全性高且无需改变现有电池生产工艺,比较容易实现工业应用。目前正极补锂添加剂材料主要有富锂化合物、基于转化反应的纳米复合材料和二元锂化合物等。

负极补锂又称直接补锂,用于弥补负极 SEI 膜造成的锂资源消耗,包括锂箔补锂、锂粉补锂、硅化锂粉补锂和电解锂盐水溶液补锂等。

补锂技术对于高比容量硅基负极材料也有重要意义,它是解决硅基负极材料首周库仑效率低、胀气、循环稳定性差等问题的技术方案之一。经过补锂技术处理后的量产磷酸铁锂电池循环寿命可超过 12000次,高于常规磷酸铁锂电池的循环寿命。

22 锂离子电池如何集成为电力储能设备?

单个锂离子电池电芯的电压和电池容量均较小,难以满足大规模电力储能所需的高电压、大容量要求,储能系统集成技术可为此提出解决方案。以目前主流的 3.2V/280Ah 磷酸铁锂单体电芯集成为

1MW/2MWh 储能系统为例，该系统大约需要 2200 个电芯，可通过集成技术优化管理、高效控制、运行监测数量庞大的电池系统，为储能系统的模块化、标准化和低成本提供保障。

　　集成技术基于应用领域技术原理及项目整体目标需求，通过对储能电芯、电池管理系统（battery management system, BMS）、储能变流系统（power conversion system, PCS）、能量管理系统（energy management system，EMS）、配电、热管理与消防等底层设备的经济配置、有机整合，以及各自功能的优化运行、彼此间逻辑的有效衔接、电气与温度环境的安全构建，最终实现储能系统对内智能化自治管理、对外一体化响应或主动完成功率控制与能量调度。图 2-11 为电化学储能系统典型集成方案示意图。

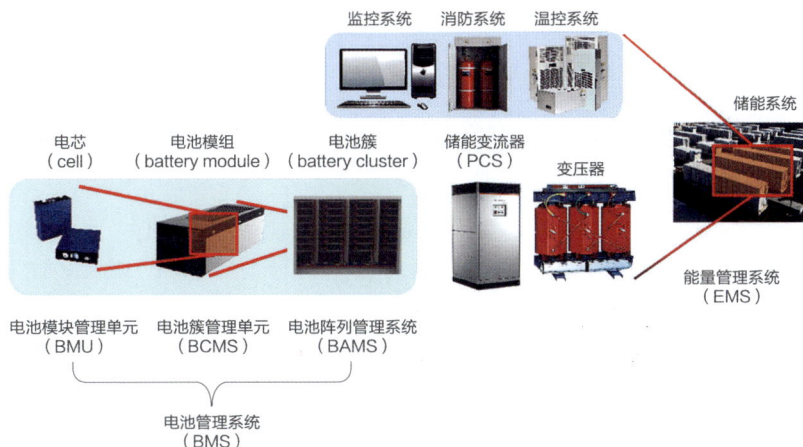

图 2-11　电化学储能系统典型集成方案示意图

　　目前的锂离子电池储能系统大多采用分层集成架构，逐步提高组件的电压和容量，并使用电力电子设备实现电池侧直流电和电网侧交流电之间的相互转换。锂离子电池储能系统的集成大致可以分为电芯、电池模组、电池簇和电池舱（柜）四个层次。

电芯

电芯是实现化学能和电能相互转化的基本单元。以磷酸铁锂电池为例，目前单体容量为 280、314Ah 的方形铝壳电芯为市场主流，同时也有多家企业相继推出 500Ah 以上的储能专用大容量电芯产品，大容量逐渐成为储能电芯的发展趋势。单体电芯容量的提升，可以在电池模组层面减少零部件使用量，也可以简化模组后续装配工艺，节省占地面积、集装箱等方面的成本投入。但是大容量电芯的散热问题往往更严重，一旦出现事故，安全风险更大，因此储能行业内普遍认为电芯应在高安全、长寿命、低成本等多项性能指标中寻求平衡。

电池模组

电池模组是由电芯采用串联、并联或串并联方式组成，且只有一对正负极输出端子的电池组合体，还包括外壳、管理与保护装置等部件，如图 2-12 所示。

图 2-12　电池模组
来源：天合光能股份有限公司

电芯组成电池模组的方式有先串联后并联、先并联后串联和全串联三种方式：先串联后并联有利于模块化设计，但是串联支路电芯数量的增加不利于不同支路电芯的均衡管理；先并联后串联可以提高电池模组的可靠性，在电芯的均衡管理上也有所改善；全串联方式电路结构简单，方便安装及管理，且最有利于电芯的一致性管控，适用于大电芯的电池系统。现阶段，随着大容量电芯的广泛使用，越来越多的厂家采用了全串联技术。

电池簇

电池簇由多个电池模组采用串联、并联或串并联连接方式构成，一般采用柜式或框架式结构，如图 2-13 所示。由于电池簇内串联了数百颗单体电池，端口电压能够达到直流 1000V，甚至更高。为管理电池簇主回路输出端口与外部回路连接的安全可控，电池簇一般配置电池管理系统、高压绝缘检测单元、电流传感器、熔断器、预充电阻、接触器和断路器等控制系统和开关保护器件，并集成于高压箱内部。

图 2-13 储能电池簇示例

来源：天合光能股份有限公司

电池舱（柜）

电芯通过排列集成为模组，模组经电气连接构成电池簇，多个电池簇与变流器等设备组成电池舱或电池柜，如图 2-14 所示。预制舱在工厂内完成制作、组装、配线、调试，有效地减少了现场安装、接线、调试工作，大大缩短建设周期，是目前大规模电化学储能电站的主流建设形式，实现了设计方案的模块化、设备基础的通用化、施工建设的标准化。

行业内多家企业发布单舱电量 5MWh 以上的电池舱产品，伴随着 300Ah 以上大电芯的推广应用，未来集中式储能 5MWh 以上的电池舱将逐渐成为主流。电池柜容量相对较小（容量通常小于 500kWh），多

图 2-14　电池舱和电池柜
来源：中能建储能科技（武汉）有限公司

用于用户侧储能。

　　锂离子储能电站的电芯数量众多，通过 BMS、PCS、EMS 等实现分层控制，控制逻辑如图 2-15 所示。BMS 通过实时采集电池组以及各个组成单元的端电压、工作电流、温度等信息，估算电池组荷电状态、健康状态等，对储能电池进行实时监控、故障诊断、短路保护、容量均衡、漏电检测、显示报警，保障电池系统安全可靠运行。PCS 是由电力电子变换器件构成的设备，连接电池系统和交流电网，是储能电站与外界进行能量交换的关键组成部分，主要功能包括在不同工作模式下对电池系统的充放电控制四象限运行功能，实现系统有功功率、无功功率的平衡，以及实现系统高级应用功能，如黑启动、削峰填谷、功率平滑、低电压穿越等。EMS 是储能电站的大脑，负责收集全部电池管理系统数据、储能变流器数据及配电柜数据，向各个部分发出控制指令，控制整个储能电站的运行，合理安排储能变流器工作。

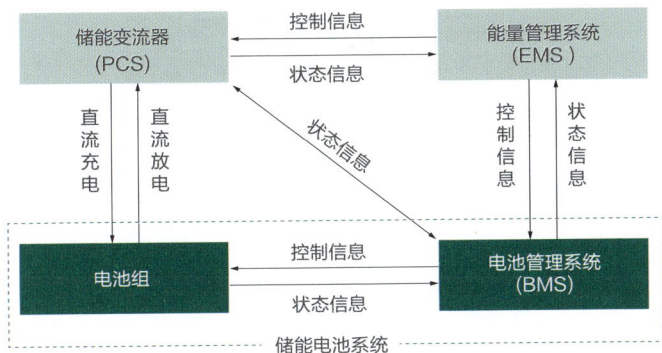

图 2-15　储能电站分层控制示意图

锂离子电池系统的温控技术有哪些？

温控技术是储能系统集成技术中的关键技术之一，通过对环境温湿度、电芯温度以及整个电池运行状态的监测、控制和预警，实现快速控温，将温度一致性偏差控制在一定范围（一般风冷电池系统的峰值温差控制在 5 ~ 7℃，电池簇的峰值温差控制在 5℃以内；液冷系统通过合理的设计可将温差控制在 3 ~ 5℃），对于提高储能系统安全运行水平、循环寿命等都有显著影响。温控技术有风冷、液冷、热管冷却和相变冷却四种，当前以风冷为主，液冷应用规模逐渐提升，正处于风冷与液冷两种技术方案并存的发展阶段。热管冷却、相变冷却目前尚处实验阶段。

风冷温控技术以空气为冷却介质，利用对流换热降低和均衡电池温度，其温控系统主要由压缩机空调系统和机柜内的气流遏制风道构成，具有结构简单、成本低的特点，但散热速度和效率较低，适用于电池产热率不高的储能系统。图 2-16 为风冷储能一体柜。

图 2-16　风冷储能一体柜

来源：浙江爱贝能科技有限公司风冷储能一体柜产品手册

　　液冷温控技术以液体为介质进行热交换，由冷机、管路、液冷板及液冷工质构成，具有散热速度和效率更高的优势，但结构复杂、成本相对较高，同时存在冷却介质泄漏的风险。根据液体与电池的接触方式不同，液冷温控技术可分为间接式冷却和浸没式冷却（即直接冷却）。间接式冷却方式是液冷的主流方式，其内部结构如图 2-17 所示。浸没式液冷将电芯与冷却液直接接触，并辅助油循环系统和制冷系统，利用绝缘油作散热介质，将电池产热带走，因其在温控性能和能效方面的优势，逐渐受到行业内关注，目前尚处在示范阶段。全球首个浸没式液冷

图 2-17　液冷温控技术内部结构示意图（间接式冷却方式）

来源：天合光能股份有限公司

储能电站应用于 2023 年 3 月投运的南方电网梅州宝湖 70MW/140MWh 储能电站。

热管冷却依靠热管内冷却介质相变来实现换热。液体在蒸发段通过介质蒸发汽化来吸收电池产生的热量，产生的蒸汽在内部压力的作用下流向冷凝段被凝结为液体，然后液体依靠毛细力流到蒸发段，形成一个循环结构。热管冷却主要特点为散热速度和效率高于液冷，冷却介质泄漏风险更低，但成本更高。

相变冷却是利用相变材料发生相变来吸热的一种冷却方式，多与其他热管理技术结合使用来导出热量。主要特点是结构紧凑、接触热阻低、冷却效果好，但吸收的热量需要依靠液冷系统、风冷系统等导出，且相变材料占空间、成本高。

不同冷却方式对电池性能的影响如表 2-2 所示。

表 2-2 不同冷却方式对电池性能的影响

性能	风冷	液冷	相变冷却	热管冷却	
				冷端空冷	冷端液冷
散热效率	中	高	高	较高	高
散热速率	中	较高	较高	高	高
温降	中	较高	高	较高	高
温差	较高	低	低	低	低
复杂度	中	较高	中	中	较高
寿命	中	长	长	长	长
成本	低	较高	较高	较高	高

来源：张剑辉，钱昊，吕喆，刘骁，等 . 储能系统集成技术与工程实践

24　锂离子电池系统热失控的原因有哪些？

热失控是指电池内部出现放热连锁反应，引起电池温升速率急剧变化的过热现象。

锂离子电池发生热失控时，最直接的表现是温度的急剧上升，同时伴随有起火、爆炸等极端情况。在热失控发生瞬间，电池破裂，可燃性气体和电池内部的有机组分被高温点燃，引发更加剧烈的燃烧反应，同时，电池电压迅速下降。

电池的机械滥用（碰撞、挤压、穿刺）、电滥用（过充、过放和外短路）、热滥用等均可能触发热失控。

机械滥用	电滥用	热滥用
机械滥用（碰撞、挤压、穿刺）可能破坏隔膜引发内短路，进而导致热失控。	过充、过放等电滥用将引起电池内部大量副反应发生，锂枝晶生长刺穿隔膜，引发电池内部短路，进而导致热失控；外短路时的大电流将导致电池热量的快速积累引发热失控。	当散热速率低于产热速率时，就会产生热量累积，引起电池局部过热，诱发热失控。

锂离子电池在热失控的情况下燃爆风险较高，从而导致火灾事故。近年来，国内外发生了多起锂离子电池储能电站火灾事故。2021年4月，北京某公司光储充一体化项目发生火灾爆炸，经过调查和分析，事故的直接原因是电站南区电池间的磷酸铁锂电池发生内短路故障，导致电池热失控起火，同时在电缆沟中形成了易燃易爆气体，遇到电气火花引发了爆炸。

目前，锂离子电池广泛应用于电力系统各个环节，一旦发生起火，对于人身及财产安全将造成严重威胁，安全问题始终是悬在锂离子电池储能行业头上的"达摩克利斯之剑"。

25　锂离子电池储能电站消防系统是怎样的?

锂离子电池储能电站消防系统应满足事故处置要求，其电池储能预制舱消防系统布置如图 2-18 所示，通常包括火灾自动报警及其联动控制系统、自动灭火系统、事故通风排烟等部分，用于保证事故后的持续控火、降温、排烟，防止电池复燃和易燃易爆气体聚集发生爆炸事故。

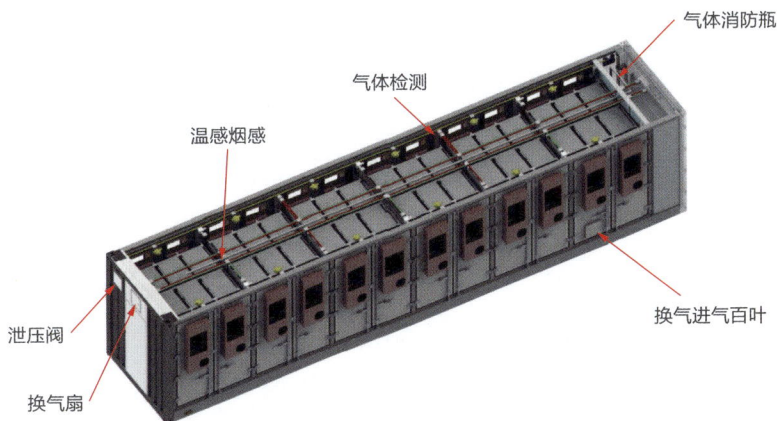

图 2-18　典型锂离子电池储能预制舱消防系统布置
来源：天合光能股份有限公司

火灾自动报警系统及其联动控制系统

火灾自动报警系统及其联动控制系统用于监测储能电站运行状态，发出火灾报警信号，并应按照既定的防火和灭火策略，启动相应的防火和灭火装置。火灾自动报警系统由火灾探测装置、火灾报警与警报装置、火灾报警控制器与联动控制设备及相应的信号传输线路、电源等构成，具有火灾探测报警、消防联控控制、消防设备状态监测、管理和控制等功能，对于早期探测火灾和发出火灾警报，尽早采取灭火、控制火灾蔓延和快速疏散等具有重要的作用。火灾探测器是火灾自动报警系统的基本组成部分之一，电池舱或柜内一般设置可燃气体探测器、感温探测器和感烟探测器。消防联动控制系统按设定的控制逻辑准确发出联动控制信号给消防泵、喷淋泵和通风等消防设备，完成对灭火系统和防排烟系统等其他消防有关设备的控制功能。

对于储能电站，无论其为户外集装箱式还是户内站房式，均需要按照《电化学储能电站安全规程》（GB/T 42288—2022）和《火灾自动报警系统设计规范》（GB 50116—2013）等的相关要求安装火灾自动报警系统。

自动灭火系统

灭火装置设计时需兼顾灭火能力和降温效果，无降温效果的灭火装置难以在储能电池火灾中发挥有效灭火作用。目前电池预制舱（柜）内一般设置水基灭火剂、气体灭火剂作为固定自动灭火系统，灭火系统类型、技术参数一般须经实体火灾模拟实验验证。

在水基灭火剂中，细水雾的效果相对突出，其灭火机理主要是吸热冷却、隔氧窒息、辐射热阻隔和浸湿作用，可灭火、降温，并有效阻断电池内部反应，且对环境的破坏较小，但需要大量的水源及较长的灭火时间。由于细水雾属于水系灭火剂，需在电站设计、施工、验收和维护管理过程中避免造成短路。同时，启动细水雾灭火系统时，必须遵守"先断电、后灭火"的原则，即当接收到火灾预警信号时，控制器立即进行断电处理，然后开启自动灭火装置。

常用的气体灭火剂主要包括惰性气体类、七氟丙烷及全氟己酮等。有关试验证明，七氟丙烷、全氟己酮可有效扑灭储能电池模组的初期火灾，但灭火后储能电池模组发生复燃，如果没有后续灭火措施，仍会发生储能电池模组的全面燃烧，造成储能电站较为严重的火灾事故。

总体而言，锂离子电池储能电站尚无有效的单一灭火技术方案，为了提高灭火剂在火灾抑制和冷却效率方面的能力，现阶段工程中可以使用七氟丙烷、全氟己酮、细水雾和液氮灭火系统，同时采用协同灭火、火灾探测、通风和防爆技术手段。

26　如何理解锂离子电池的本质安全?

锂离子电池的本质安全是指通过电池内部结构、材料、工艺等方面的优化,使得电池在正常使用、异常使用、极端情况下都能保持稳定性,不会发生火灾、爆炸等危险事故。本质安全的实现主要通过在材料层面提升各电芯材料的热稳定性,在工艺层面优化设计和制造层面保证电芯可靠性。

材料提升方面,主要通过材料选型、本体改性(表面包覆、元素掺杂等)与材料复配,提升材料热稳定性。负极材料通过微弱氧化、金属和金属氧化物沉积、聚合物或者碳包覆,提高负极材料热稳定性;隔膜材料通常在表面涂上一层耐高温的涂覆材料,以改善隔膜热收缩性能,同时提高隔膜穿刺强度,防止锂枝晶刺穿,提升电池安全性;电解液材料通过在电解液中引入阻燃、过充保护等安全添加剂来有效改善电池安全,或采用固态、半固态电解质;集流体材料通过改善其力学性能和机械性能,避免在加工使用过程中形成毛刺和断裂,以降低电芯安全风险。

电芯设计方面,正负极能量比值、配方设计、电极设计、结构设计、安全阀设计、绝缘保护等均会对电芯安全产生影响,综合优化各方面设计因素是实现电芯高稳定性、高安全性的关键之一。

工艺制造方面,减少内部异物、边缘毛刺等对电池安全有着至关重要的影响,通过制造工艺升级、产线智能化改造、过程监测强化等措施降低电芯缺陷,是降低电池安全隐患的重要举措。

本质安全设计旨在从根源上彻底消除或大幅减少安全隐患,这无疑是锂离子电池技术领域极为理想且极具挑战性的追求目标。然而,就当前的技术发展水平而言,这一目标尚未达成,仍需持续不断地深入探索与创新,以逐步攻克现存的技术难题,推动锂离子电池向更高的本质安全境界迈进。而固态电池作为下一代电池技术,有望在锂离子电池本质安全的道路上迈进一步。

就固态锂离子电池而言，其正负极材料与目前锂离子电池大致相同，区别主要在于采用了固态电解质。该电解质同时发挥电解液和电池隔膜的作用。根据电池中电解液含量不同，可将固态锂离子电池分为半固态、准固态和全固态三类。根据所用固态电解质材料化学性质不同，主要有聚合物固态电池、氧化物固态电池和硫化物固态电池等技术路线。

聚合物固态电解质主要由聚合物基体与锂盐构成。其室温下离子电导率为 $10^{-8} \sim 10^{-6}$ S/cm，$65 \sim 78℃$ 下离子电导率为 10^{-4} S/cm。因质量较轻、弹性较好、机械加工性能优良而受到广泛关注。同时，其工艺与现有锂离子电池接近，易于大规模量产，技术相对成熟，也是最早实现实际应用的固体电解质。但是聚合物电解质也有明显的劣势，如室温下离子导电率低，较柔软，易发生锂枝晶穿透，造成短路风险；热稳定性有限；耐受电压较低。

氧化物固态电解质按照物质结构可分为晶态和玻璃态（非晶态）两类，其中晶态电解质包括钙钛矿型、NASICON 型、LISICON 型以及石榴石型等，玻璃态氧化物电解质的研究热点是用在薄膜电池中的 LiPON 型电解质。氧化物电解质的离子导电率一般在 $10^{-6} \sim 10^{-3}$ S/cm，电化学稳定性好、循环性能良好，具有更高的机械强度，在空气中稳定性好，可耐受较高电压。但其形变能力和柔软性能差，电解质与正负极材料界面接触差，导致界面阻抗较高。

硫化物固态电解质由氧化物固态电解质衍生而来，用硫取代氧化物中的氧元素，成为硫化物固态电解质。硫化物电解质在室温下具有较高的离子电导率，范围为 $10^{-4} \sim 10^{-2}$ S/cm；机械性能好、晶界阻抗低。但是，硫化物对水汽敏感，极其容易和水汽反应生成有毒的 H_2S 气体，其与空气中的氧气、水蒸气发生不可逆的化学反应时，会破坏结构，导致离子电导率降低，造成性能衰减。其开发难度较大，对生产环境要求严苛，量产成本高。

图 2-19 为液态锂离子电池与固态锂离子电池结构对比示意图。

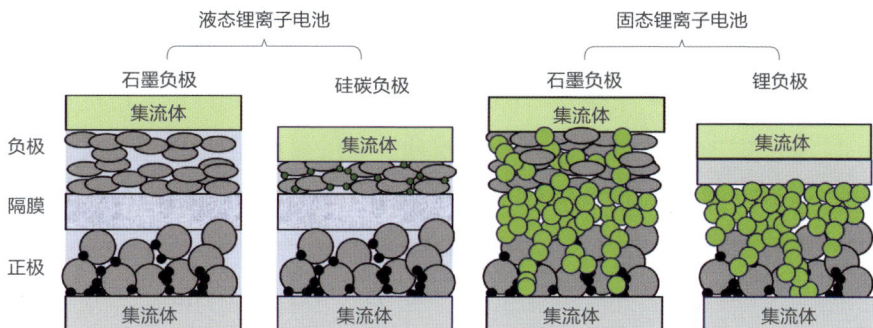

图 2-19　液态锂离子电池与固态锂离子电池结构对比示意图

来源：Joscha Schnell, Heiko Knörzer, Anna Julia Imbsweiler, et al. Solid versus liquid—a bottom-up calculation model to analyze the manufacturing cost of future high-energy batteries

相比较现有商业化的液态锂离子电池，固态锂离子电池具有显著的优点：

1　固体电解质不挥发，一般不可燃，因此采用固体电解质的固态电池会具有优异的安全性。

2　固体电解质能在宽的温度范围内保持稳定，因此全固态电池能够在宽的温度范围内工作，特别是高温下。

3　一些固体电解质材料具有较宽的电化学窗口，使得高电压电极材料有望得到应用，从而提高电池能量密度。

4　相对于多孔的凝胶电解质及浸润液体电解液的多孔隔膜，固体电解质致密，并具有较高的强度，能够有效地阻止锂枝晶的刺穿，因此提高了电池的安全性，同时也使得金属锂作为负极的使用成为可能。

作为核心材料，固态电解质很大程度上决定了固态锂离子电池的关键性能指标。目前，全固态电池尚有多个技术难点亟须突破，如电解质室温离子电导率低，电解质与电极界面阻抗过高导致电池内阻明显增加，循环性能和倍率性能差。固态电极与固态电解质的界面稳定性等问题，可通过添加部分电解液改善电解质／电极界面阻抗，同时改善室温离子电导率，提升电池能量密度和安全性，即发展半固态电池，是现阶段更为现实的方案。

当前，国内固态电池产业正在快速发展。以锂离子电池体系为主的半固态电池是目前研发进展较快、具有示范应用潜力的新型储能技术之一。我国在半固态锂离子电池领域已形成少量电芯、电池模组的产品，正在开展兆瓦级示范应用，如三峡集团乌兰察布"源网荷储"试验基地建设了兆瓦时级固态锂离子电池储能系统。未来，固态电池在技术方面还需不断提升电解质材料的电化学稳定性、电导率以及与电极间的界面稳定性，开发适合于固态电解质的电池结构，从而提高电池的能量密度和安全性。随着未来规模化应用及产业链不断完善，固态电池的成本也将进一步降低。

27 锂离子电池储能电站全寿命周期成本如何构成？

锂离子电池储能电站的全寿命周期过程包括项目建设、运营和退役三个阶段，其全寿命周期成本相应可分为建设成本、运行维护成本、回收成本三个方面，具体成本构成如图 2-20 所示。

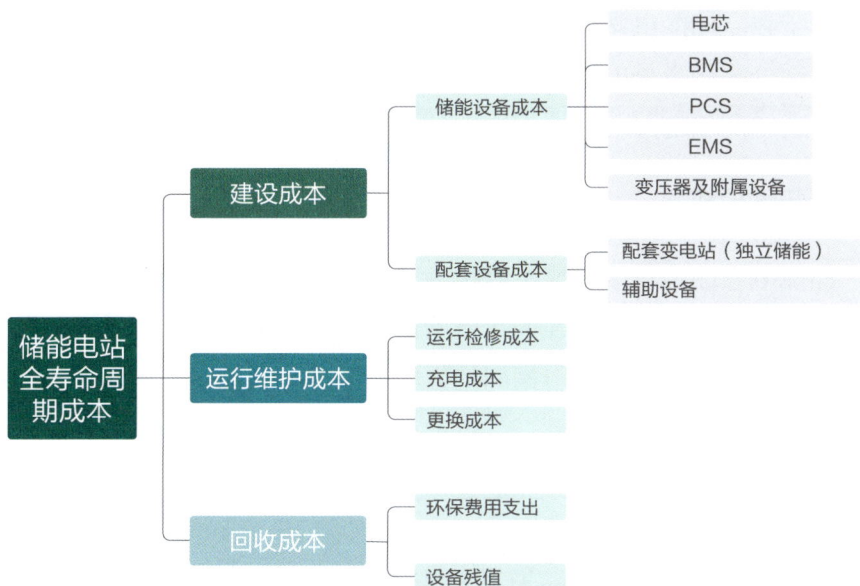

图 2-20　锂离子电池储能电站全寿命周期成本构成示意图

建设成本

储能电站的建设成本，又称初投资成本，是指完成电站建设所投入的所有费用。锂离子电池储能电站的建设成本一般由储能和配套变电系统的设备购置费、建筑工程费、安装工程费和其他费用构成，也称静态投资成本。在此基础上，计入建设期贷款等动态费用，则构成动态投资成本。

储能电站建设成本中，锂离子电池储能设备相关费用占比最高，包括电芯及电池管理系统、功率变换系统、能量管理系统、变压器及附属设备等费用。以目前主流的 2h 时长锂离子电池储能系统为例，电芯及电池管理系统成本占比为 60% ~ 70%，功率变换与能量管理系统成本占比为 15% ~ 20%，变压器及附属设备成本占比为 15% ~ 20%。根据有关机构统计，2023 年度，2、4h 锂离子电池储能系统全年平均价格分别约为 1.1、1 元 /Wh，2、4h 锂离子电池储能电站（电源侧）EPC 总承包中标价格全年平均价格分别约为 1.5、1.3 元 /Wh。

对于独立储能电站，因一般需要配套建设接入电网变压器等附属设施，该部分费用也是电站成本的重要组成部分，因此，独立储能电站建设成本通常高于电源侧配建储能电站的建设成本。

运行维护成本

储能电站的运行维护成本是指为了维持储能电站处于良好的运行状态、满足充放电功能所需要的运行检修成本、充电成本、更换成本等。

运行检修成本包括运行期间的人力、设备、检修等成本，一般按照运检费率乘以初始投资得到。

充电成本是指充电过程中发生的全部费用，主要为购电费。根据国家发展改革委、国家能源局联合印发的《关于进一步推动新型储能参与电力市场和调度运用的通知》（发改办运行〔2022〕475号）有关要求，独立储能电站向电网送电的，其相应充电电量不承担输配电价和政府性基金及附加。

更换成本为储能设备到期拆除并更换的费用。当前，锂离子电池和相关设备的使用寿命小于风电、光伏等新能源及电网工程的生命周期，在项目的运行周期内需考虑到电池的更换成本。如按照锂离子电池（磷酸铁锂）6000次循环寿命及每天充放电两次来计算，电池每10年需要更换一次。

回收成本

储能电站各部分元件寿命耗尽时，需要对其进行无害化处理和残值回收，所投入的资金就是回收成本。该成本主要分为环保费用支出和设备残值两个部分，其中，设备残值通常由初始投资成本和残值回收率决定，属于储能电站的收益。

28　动力用和储能用锂离子电池有什么区别?

　　动力电池是车载能量的存储装置，在纯电动汽车、燃料电池汽车、混合动力汽车和插电式混合动力汽车上作为驱动力能源，需要具备高能量密度和高功率输出，以满足电动车辆对加速性能和行驶里程的要求。动力电池的设计重点是提高电池的充电速度、能量密度以及安全性。

　　储能电池通常设计用于长时间的能量储存和充放电，在电网调度、削峰填谷和电能管理等方面发挥重要作用。储能电池的关键特点是高安全、长寿命和稳定的性能。

　　动力和储能用锂离子电池的技术要求区别如下：

1. 能量密度差异

动力电池的能量密度要求较高；储能电池通常无需移动，对能量密度的敏感度相对较低。根据工业和信息化部 2024 年印发的《锂离子电池行业规范条件（2024 年本）》（以下简称《规范条件》），大动力型电池又分为能量型和功率型，使用三元材料的能量型单体电池能量密度大于等于 230Wh/kg、电池组能量密度大于等于 165Wh/kg，磷酸铁锂等其他材料的能量型单体电池能量密度大于等于 165Wh/kg、电池组能量密度大于等于 120Wh/kg，功率型单体电池功率密度大于等于 1500W/kg、电池组功率密度大于等于 1200W/kg；储能型单体电池能量密度大于等于 155Wh/kg，电池组能量密度大于等于 110Wh/kg。

2. 倍率特性差异

动力电池由于对充放电速率有较高的要求，目前主流产品的倍率特性普遍在 2～4C。储能电池则普遍在 1C 以下，储能电池对于循环次数的追求会对倍率性能有所牺牲。

3. 循环寿命差异

储能电池相较于动力电池充放电更频繁，且日历寿命更长，对循环寿命要求更高。根据《规范条件》要求，动力型锂电池，单体电池循环寿命大于等于 1500 次且容量保持率大于等于 80%，电池组循环寿命大于等于 1000 次且容量保持率大于等于 80%；储能型锂电池，单体电池循环寿命大于等于 6000 次且容量保持率大于等于 80%，电池组循环寿命大于等于 5000 次且容量保持率大于等于 80%。目前市面上动力电池的循环寿命一般在 3000 次左右，而储能电池主流产品循环寿命一般在 8000 次以上。

4. 电芯种类差异

电动汽车目前的主流电池类型是磷酸铁锂电池和三元锂离子电池。储能锂离子电池储能电站出于安全性及经济性考虑，往往选用磷酸铁锂电池。

29　什么是锂离子电池梯次利用？

梯次利用是指通过对废旧的锂离子电池包或电芯进行拆解、检测、筛选并重新组成健康电池包或电池系统，从而实现再利用的回收处理方式，具体利用流程如图 2-21 所示。当前的梯次利用相关要求主要针对动力电池，未来随着储能用锂离子电池进入退役阶段，相关处理要求和方法也可作为参考借鉴。

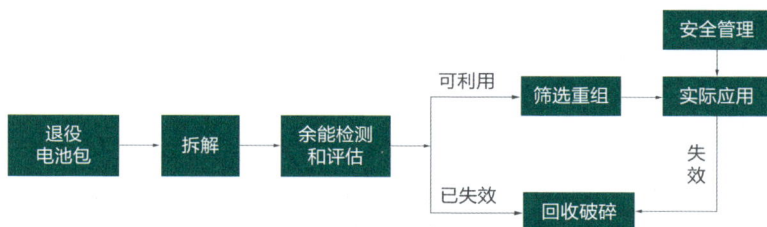

图 2-21　电池梯次利用流程图

来源：孟欣，金鹏.电池梯次利用技术的中国专利分析

退役的电池首先要进行电池包拆解以分离单体电芯，之后对单体电芯进行余能检测和评估，根据检测和评估结果及预期的使用场景，对可利用电芯进行筛选和分组。分选成组后的电池进行组装和整体测试后，根据电池状态的不同可应用于不同场景。理论上，高容量的电池可应用于电池更换和储能领域，低容量的则可用作备用电池、照明、基站、储能及 UPS，或是充电桩、低速电动车等低倍率放电应用场景。国内现

阶段应用主要集中于基站电源、低速电车、储能等领域。

2021 年，国家能源局印发《新型储能项目管理规范（暂行）》，规定新建动力电池梯次利用储能项目，必须遵循全生命周期理念，建立电池一致性管理和溯源系统，梯次利用电池均要取得相应资质机构出具的安全评估报告。已建和新建的动力电池梯次利用储能项目须建立在线监控平台，实时监测电池性能参数，定期进行维护和安全评估，做好应急预案。

近年来，国内已有梯次电池储能电站典型工程落地。2023 年 8 月，内蒙古自治区科技重大专项"梯次利用动力电池规模化工程应用关键技术"项目示范工程通过验收，该工程基于动态可重构电池网络技术方案，选用退役动力锂离子电池，建设 10MW/34MWh 规模的数字无损梯次利用储能电站，在国际上率先完成集中式大规模退役动力电池储能电站的工程示范，是目前国际上单点规模最大的集中式梯次利用储能电站。

30　锂离子电池储能有哪些典型应用？

锂离子电池储能作为新型储能装机容量占比超过 90% 的储能技术，在电力系统中有着广泛的应用。2020 年，国家能源局发布首批科技创新（储能）试点示范项目，在可再生能源发电侧、电网侧、用户侧、配合常规火电参与辅助服务 4 个主要应用领域选取了 8 个典型项目开展示范，其技术路线均涉及锂离子电池，各项目具体情况如表 2-3 所示。

表 2-3　国家能源局首批科技创新（储能）试点示范项目

序号	项目名称	应用场景
1	国家光伏发电试验测试基地配套 20MW 储能电站项目	可再生能源发电侧
2	国家风光储输示范工程二期储能扩建工程	可再生能源发电侧
3	福建晋江 100MWh 级储能电站试点示范项目	电网侧
4	苏州昆山 110.88MW/193.6MWh 储能电站	电网侧
5	张家港海螺水泥厂 32MWh 储能电站项目	用户侧
6	宁德时代储能微网项目	用户侧
7	科陆－华润电力（海丰小漠电厂）30MW 储能辅助调频项目	配合常规火电参与辅助服务
8	佛山市顺德德胜电厂储能调频项目	配合常规火电参与辅助服务

可再生能源发电侧储能：

国家光伏发电试验测试基地配套 20MW 储能电站项目

2018 年 6 月，国家电投黄河上游水电开发有限责任公司在海南州共和光伏产业园建成我国首个涵盖所有主流光伏与储能技术路线的"国家光伏发电试验测试基地配套 20MW 储能电站项目"，开展多种储能技术在不同布置方式下与不同光伏发电系统开展联合运行分析，对光伏＋储能系统配置方案、设备性能、控制策略与运行效果等进行验证，为整个行业提供了"新能源＋储能"系统构建和运行控制的实践基础。

国家风光储输示范工程

国家风光储输试验示范工程是世界上规模最大的风电、光伏发电、储能及智能输电工程"四位一体"的新能源示范工程，是首个集中体现风光储输联合发电先进性和创新性的综合性示范工程。一期建设规模为风力发电 98.5MW、光伏发电 40MW 和储能 20MW。储能电站应用了

14MW 磷酸铁锂电池、2MW 液流电池、1MW 钛酸锂电池、2MW 胶体铅酸电池及少部分超级电容。二期建设规模为风力发电 400MW、光伏发电 60MW、储能 50MW。其中储能还包括梯次利用电池 3MW，电站式虚拟同步机 10MW。

电网侧储能：

福建晋江 100MWh 级储能电站试点示范项目

该项目由福建晋江闽投电力储能科技有限公司投资建设，于 2020 年 10 月正式投产试运行，是国家重点研发计划智能电网技术与装备重点专项依托项目。该储能电站系统额定功率 30MW，电池容量 100MWh，电站采用半户内布置形式，技术类型为磷酸铁锂电池，其工程现场如图 2-22 所示。

图 2-22　福建晋江 100MWh 级储能电站试点示范项目
来源：宁德时代新能源科技有限公司

苏州昆山 110.88MW/193.6MWh 储能电站

该电站于 2020 年投产，项目建设规模为 110.88MW/193.6MWh，总占地面积 31.4 亩（1 亩 ≈ $6.67 \times 10^2 m^2$），共配置 88 组预制舱式储能电池，每套储能电池舱容量为 1.26MW/2.2MWh，其工程现场如图 2-23

所示。该电站采用磷酸铁锂电池方案，以 4 回 35kV 线路接入 220kV 昆山变电站 35kV 侧。

图 2-23　苏州昆山 110.88MW/193.6MWh 储能电站

来源：平高集团

用户侧储能：

张家港海螺水泥厂 32MWh 储能电站项目

该项目于 2019 年投入使用，储能规模为 8.0MW/32MWh，由 16 台 500kW/2MWh 储能集装箱，通过 4 台 2000kVA 双分裂变压器接入厂区 6kV 交流母线，占地面积约为 700m²。电站采取削峰填谷模式运行，可在不影响企业生产用电的前提下，在用电谷峰时段错峰存储释放电力，节省企业用电支出，同时还具有削峰填谷、避免电力增容、促进碳减排等优点。

宁德时代储能微网项目

该项目位于宁德时代公司厂区内，储能规模 250kW/500kWh，于 2020 年 1 月建成投产。该项目通过先进储能技术和光伏发电技术的结合，提供稳定、高质量的电能供应，可在主电网故障时实现孤岛运行，保证重要负荷供电，是分布式电源结合储能系统的有益探索。

配合常规煤电参与辅助服务类储能：

科陆－华润电力（海丰小漠电厂）30MW 储能辅助调频项目

该项目是为华润海丰公司百万机组配置的 30MW/14.93MWh 储能辅助调频系统，于 2019 年 8 月投入试运行，是当时国内最大规模的储能调频项目，其工程现场如图 2-24 所示。

图 2-24　科陆－华润电力（海丰小漠电厂）30MW 储能辅助调频项目

来源：深圳市科陆电子科技股份有限公司

佛山市顺德德胜电厂储能调频项目

该项目建设 9MW/4.5MWh 调频储能系统，由 6 个电池变流器集装箱和 1 个中控集装箱组成，总占地面积约 700m²，于 2020 年 1 月 15 日进入正式商业运行，为 320MW 机组提供调频辅助服务。该储能电站为全国首个采用高压直挂式级联型储能变流系统技术的调频电站，储能级联型高压储能系统可应用于发电侧储能调频、调峰、黑启动等场合，提升电厂调节品质。

2024 年 1 月，国家能源局公布了一批新型储能示范项目，其中锂离子电池类储能入选 17 项，具体详见表 2-4。

表 2-4　国家能源局 2024 年新型储能试点示范项目（锂离子电池项目）

序号	工程名称
1	广西壮族自治区南宁市西乡塘区 100MW/200MWh 锂离子电池储能示范项目
2	新疆生产建设兵团三师图木舒克市 80MW/160MWh 锂离子电池储能示范项目
3	黑龙江省肇东市 100MW/200MWh 锂离子电池储能示范项目
4	湖北省荆门市掇刀区 50MW/100MWh 锂离子电池储能示范项目
5	江苏省分散式 27.4MW/32.9MWh 锂离子电池储能示范项目
6	江苏省连云港市连云区 200MW/400MWh 锂离子电池储能示范项目
7	河北省平山县 100MW/320MWh 锂离子电池储能示范项目
8	广东省五华县 70MW/140MWh 锂离子电池储能示范项目
9	湖北省沙洋县 50MW/100MWh 锂离子电池储能示范项目
10	福建省平潭综合实验区 120MW/240MWh 锂离子电池储能示范项目
11	湖南省桂阳县 250MW/500MWh 锂离子电池储能示范项目
12	云南省丘北县 200MW/400MWh 锂离子电池储能示范项目
13	河南省滑县 100MW/200MWh 锂离子电池储能示范项目
14	浙江省杭州市萧山区 50MW/100MWh 锂离子电池储能示范项目
15	河北省雄安新区白洋淀 8MW/8MWh 锂离子电池储能示范项目
16	内蒙古自治区四子王旗 550MW/1100MWh 锂离子电池储能示范项目
17	海南省文昌市 100MW/200MWh 锂离子电池储能示范项目

31　锂离子电池储能未来发展趋势如何？

锂离子电池经过长期技术研究与工程应用，已经形成相对成熟的技术体系。未来，将在材料、电芯、集成、应用等方面持续发力，提升能量密度、安全水平和系统友好性，并在电力系统各个环节开展应用。

新材料的研发与应用，将逐步提高锂离子电池储能的综合性能

富锂锰基等高能量密度正极材料及膨胀率低、循环性能和倍率性能更佳的硅基负极材料的研发，固态电池、水系电池等高安全技术路线的突破，隔膜安全性能和电化学性能的提升，将推动锂离子电池向高能量密度、高安全性方面发展。

大容量、长寿命电芯的不断成熟，将进一步提高锂离子电池储能的成本优势

300Ah 以上电芯产品不断涌现，560、1130Ah 等更高容量产品原型样件相继推出，在资源价格稳定的情况下，锂离子电池电芯和系统的单位造价有望逐渐下降，叠加万次以上循环寿命，锂离子电池储能的综合成本优势依旧较为明显。

集成技术的进步，将不断提升锂离子电池储能电站安全可靠性

高压直挂型大容量储能功率变换系统研究将进一步深入，功率变换系统单机容量、交流侧电压等级进一步提升，容量达到几十兆伏安水平；电池管理系统采用更加精准的电池状态估计和均衡控制策略，将提高电池系统均衡控制和安全可靠运行能力；电池管理系统、功率变换系统、能量管理系统将进一步深度融合，更加可靠地用于电池及电池系统的充放电控制和故障保护；规模化储能集群控制和拥有海量数据的百兆瓦时、亿瓦时电池储能电站运营管理也将成为规模化储能应用研究热点。

新型电力系统建设的加速，将推动系统友好型锂离子电池储能成为重要发展方向

锂离子电池应用场景更加丰富，在电源侧、电网侧将发挥系统调节、电压支撑、虚拟惯量支撑等多重功能，具有电压源支撑作用的构网型技术将在新能源占比较高的地区扩大应用。用户侧对高安全、模块化的储能技术提出更高需求，叠加相对明晰的商业模式，将逐渐成为锂离子电池储能的重要应用领域。

第三章

液流电池储能

液流电池通过正、负极电解液中的活性物质在惰性电极发生可逆氧化还原反应（即价态的可逆变化）实现电能和化学能的相互转换。充电时，正极发生氧化反应使活性物质价态升高，负极发生还原反应使活性物质价态降低，在电极表面发生得失电子的反应，电子通过外电路由正极移动到负极；放电过程与充电过程相反。

液流电池储能系统主要由电堆、电解液、电解循环系统、电池管理系统、功率转换系统等部分组成，其电堆和电解液等主要部件连接结构示意图如图 3-1 所示。电堆是液流电池储能系统的功率单元和核心部件，由多个单电池以特定要求按板框式压滤机的形式叠合而成；电解液是活性物质的载体，也是液流电池储能系统的容量单元和主要组

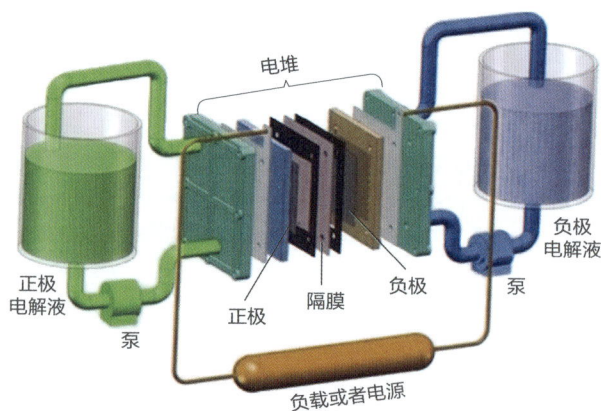

图 3-1　液流电池结构示意图

来源：中国科学院大连化学物理研究所

成部分。

　　常规电池（如锂离子电池）由电极构成电池储能的载体、电解液用于离子传递，而液流电池的结构完全不同，其惰性电极仅为氧化还原反应提供反应场所并传导电流，而不参与氧化还原反应，其能量存储于电解液中。液池电池每个电堆配有一套电解液循环系统，运行时各个电池单体的液相回路并联，正、负极电解液分别通过各自的公用管路，逐一分配到单电池电极框的分支管路中，流入电极发生氧化还原反应，并在电极上实现充放电。因此，一般认为，液流电池的输出功率和储能容量可独立设计。

　　液流电池（以全钒液流电池为例）单体电堆的额定输出功率较小，目前行业内普遍在 30～80kW。为满足电力储能的高电压、大功率需求，一方面需要设计电压和功率水平更高的电堆，另一方面需要通过系统集成技术实现功率的提升。将多个电堆模块串并联以提高系统功率，增加电解液体积和能量密度以提高系统容量，通过集成为单元储能系统模块实现功率的提升，目前单元储能系统模块额定输出功率一般在500kW 左右。需要注意的是，液流电池的管理系统与锂离子电池有显著区别，除了需要对电池电压、电流、输出功率等指标进行实时监控外，还需要具备测量电解液工作工况、控制循环泵启停等功能。

　　以大连液流电池储能调峰电站一期工程（100MW/400MWh）为例，该工程单体电堆的额定输出功率是 31.5kW，8 个单体电堆组成了 1 个集装箱，2 个集装箱构成 1 套可实现单独充放电控制的 500kW/2MWh 储能模块，由 50 套储能模块构建 1 套具有就地监控系统的 25MW/100MWh 储能单元，最后再由 4 套储能单元构建出 100MW/400MWh 全钒液流电池储能系统。

33 液流电池的发展历程是怎样的?

▶ 液流电池原理样机阶段

德国科学家提出液流电池雏形。1949 年,德国科学家 Kangro 最早提出了液流电池的雏形,采用硫酸铬作为正负极活性物质,2mol/L 硫酸溶液作为支持电解质,通过电化学反应将电能存储于电解液中,电池电压可达到 1.75V。

液流电池基本原理确定。日本科学家 Ashimura 和 Miyake 在 1971 年首次提出现代意义的液流电池概念,通过将正负极活性物质溶解在电解液中,在惰性电极上发生可逆氧化还原反应,以实现电能与化学能的互相转化。

美国航空航天局提出铁铬液流电池详细模型。自 1973 年起,美国航空航天局(National Aeronautics and Space Administration,NASA)开始对液流电池进行研究,拟将其用于月球基地的太阳能储电系统。1974 年,NASA 科学家 L. H. Thaller 首次提出具有实际意义的液流电池体系——铁铬液流电池体系,以氯化亚铁($FeCl_2$)和氯化铬($CrCl_3$)作为正负极活性物质并存放在两个外部储罐中,硫酸作为支持电解质,电池电压为 1.18V。但铁铬液流电池存在部分铁离子、铬离子穿过隔膜交叉污染的问题,导致电压不稳定和容量衰减。此后,研究人员开始从改进隔膜和改进电解液两种思路解决该问题。

▶ 改进隔膜,铁铬液流电池走向工程应用

全氟磺酸树脂(Nafion)质子交换膜出现。19 世纪 80 年代,美国通用公司(General Electric Company,GE)与杜邦公司(DuPont)

合作，依托后者的全氟磺酸树脂专利技术，开发出了 Nafion 质子交换膜。该隔膜质子传导性能优异，还具有极强的抗氧化和酸腐蚀性，很快被引入液流电池中，至今仍然是液流电池的主流隔膜材料。

日本、中国相继开发出铁铬液流电池原型样机。日本采用美国 NASA 技术，在 1984 年和 1986 年分别成功开发出 10kW 和 66kW 的铁铬液流电池系统原型样机。中国科学院大连化学物理研究所在 1992 年成功开发出 270W 的小型铁铬液流电池电堆。但铁铬液流电池中铬电对活性较低、负极容易析氢以及容量衰减等技术问题难以解决，其产业化及工程应用一度被搁置。

国内外陆续布局铁铬液流电池示范应用项目。美国 EnerVault 公司继承了 NASA 的技术体系，并开展规模应用。2014 年，其开发的 250kW/1000kWh 铁铬液流电池系统在美国加州特罗克的示范应用项目中投入运行，是全球首个铁铬液流电池示范项目。

2017 年起，我国的国家电投集团开始铁铬液流电池技术的研发和产业化，其研发的首个 31.25kW 铁铬液流电池电堆（容和一号）于 2019 年成功下线，并于 2020 年 12 月应用于张家口战石沟 250kW/1.5MWh 国内首个百千瓦级铁铬液流电池储能电站（如图 3-2

（a）　　　　　　　　　　　　　（b）

图 3-2　张家口战石沟光伏电站 250kW/1.5MWh 铁铬液流电池储能示范项目
（a）项目外景；（b）项目内景
来源：国家电力投资集团有限公司

所示），于 2023 年 2 月应用于霍林河 1MW/6MWh 全球首套兆瓦级铁铬液流电池储能项目。此外，中海储能科技（北京）有限公司 500kW/4MWh 铁铬液流电池储能项目于 2023 年 12 月交付河北省张家口市怀来云数据中心运行。

▶ **改进电解液，多技术路线并行发展**

改进电解液的主要思路是将正负极活性物质改为同种元素，避免交叉污染问题。经研究，全钒液流电池和全铁液流电池两类改进电解液的液流电池得到应用。此外，新的活性电极对不断被提出，锌溴液流电池、锌铁液流电池、水系有机液流电池也得到了发展。

全钒液流电池

钒系化合物因价态丰富，物理、化学特性适宜，成了主要的研究方向。

→ **1984 年，澳大利亚学者首次提出全钒液流电池详细方案。** 自 1984 年起，澳大利亚新南威尔士大学（The University of New South Wales，UNSW）的 Maria Skyllas-Kazacos 等开始对全钒液流电池进行系统性研究，于 1986 年首次申请了全钒液流电池的专利，并于 1991 年开发出 1kW 电池。

→ **20 世纪 90 年代，全钒液流电池进入商业化初期。** 澳大利亚、日本、加拿大等相继开始进行全钒液流电池产业化的尝试，使得全钒液流电池成为目前产业链相对成熟、具有开发前景的一类液流电池。1993 年，UNSW 与泰国石膏制品公司（Thai Gypsum Products）合作，尝试将钒电池与屋顶光伏匹配使用。同年，日本住友电工集团（Sumitomo Electric Industries，SEI）和 Kashima-kita 电力公司从 UNSW 获得了全钒液流电池的相关专利权，逐步把全钒液流电池系统推向商业化。1995 年，我国全钒液流电池研究起步，四川攀钢研究院、中国工程物理研究院电子工程研究所在国内展开全钒液流电池的研究，并先后研制成功 500W、1kW 样机。

2006 年起，我国全钒液流电池研究取得突破，并开展示范项目建设。 2006 年，中国科学院大连化学物理研究所成功开发 10kW 电堆，并通过科技部验收，标志着我国的全钒液流电池系统取得阶段性进步。2007 年 7 月，中国科学院大连化学物理研究所自主研发的 2kW 全钒液流电池系统成功运行，验证了全钒液流电池技术的可行性。之后，有关研发装备相继在攀枝花"光伏＋全钒液流电池储能"示范工程、国家风光储输示范工程 2MW/8MWh 全钒液流电池储能系统、赤峰煤窑山风电场 500kW/1000kWh 全钒液流电池储能电站（如图 3-3 所示）投运，并在卧牛石风电场 5MW/10MWh 全钒液流电池储能电站实现兆瓦级示范应用。2022 年 10 月 30 日，大连液流电池储能调峰电站国家示范项目一期工程（100MW/400MWh）正式并网发电，标志着我国液流电池储能项目进入了百兆瓦级时代。

图 3-3 赤峰煤窑山风电场 500kW/1000kWh 储能电站
来源：国家电投东北新能源发展有限公司

全铁液流电池

→ **1981 年，美国提出全铁液流电池概念。**1981 年，美国的 Hruska 和 Savinell 提出了全铁液流电池的概念，其正负极活性物质为不同价态的含铁化合物，解决了电解液互串的问题。此后，国内外学术界对全铁液流电池开展了一系列研究工作。

→ **2017 年起，全铁液流电池进入商业化初期。**2017 年，美国 ESS 公司制造的 50kW/400kWh 全铁液流电池测试单元投产，配套在巴西 Pacto Energia 公司的 100kW 光伏系统中。2021 年，ESS 公司在智利、西班牙等地部署多个兆瓦时级全铁液流电池储能系统。

→ **2021 年以来，国内全铁液流电池产业化发展逐渐起步。**巨安储能武汉科技有限责任公司致力于碱性全铁离子液流电池的研究及产业化，提出特异性螯合物，采用超稳定配体分子，电池可实现充放电循环 20000 次以上，且在碱性体系中充放电过程几乎不析出氢气。湖北黄石华创科技园 80kW/80kWh 用户侧全铁液流储能示范项目、中广核公安县狮子口镇 200MW/800MWh 铁基液流电池储能电站、中电建英山 100MW/400MWh 铁基液流储能电站（风光储一体化）、中电建英山 100MW/400MWh 铁基液流储能电站（入选国家能源局新型储能试点示范项目）均采用该技术路线。

锌溴液流电池

国际上，锌溴液流电池研究起步较早。

→ **20 世纪 70 年代，美国最早提出锌溴液流电池的概念。**美国 Exxon Mobil 公司最早发明锌溴液流电池，后将其转给美国 Johnson Controls（JCI）公司、欧洲 SEA 公司、日本 Toyota Motor 公司和 Meidensha 公司以及澳大利亚 Sherwood Industries 公司。

→ **日本开发出锌溴液流电池组。**日本在 20 世纪 90 年代安装了 1MW/

4MWh 的锌溴液流电池组，经过 1300 次循环后系统能量效率为 65.9%。

→ **美国 JCI 成立锌溴液流电池公司**。1994 年，美国 JCI 公司依托其锌溴液流电池技术独立成 ZBB 能源公司。ZBB 公司开发出 25kW/50kWh 锌溴液流电池储能模块，并以此模块集成出 500kWh 锌溴液流电池储能系统。

我国锌溴液流电池研究自 20 世纪 90 年代陆续开展。

→ **20 世纪 90 年代，我国开发出动力用锌溴液流电池**。瑞源通公司开发出应用于大型电动客车的锌溴动力电池，质量能量密度约为 40Wh/kg。

→ **2017 年，我国锌溴液流电池储能开始示范应用**。华秦储能技术有限公司同中国科学院大连化学物理研究所合作开发了国内首套 5kW/5kWh 锌溴单液流电池储能示范系统（如图 3-4 所示），额定功率下运行时的能量转换效率超过 70%。

图 3-4　国内首套 5kW/5kWh 锌溴单液流电池示范系统
来源：中国科学院大连化学物理研究所

→ **当前，我国锌溴液流电池系统持续进步**。2022～2023 年，中国科学院大连化学物理研究所相继开发出面向用户侧的 30kWh 锌溴液流电池系统（如图 3-5 所示）和 100kWh 锌溴液流电池系统。2024 年 7 月，由中国华电科工集团有限公司与江苏恒安储能科技有限公司联合开

图 3-5 面向用户侧的 30kWh 锌溴液流电池系统

来源：中国科学院大连化学物理研究所

发的全国首套 1MW/4MWh 锌溴液流电池储能系统成功并网投运。同时，依托浙江大学温州研究院科技团队成立的温州锌时代能源有限公司也建设了锌溴液流电池生产线，推动锌溴液流电池产业化。

锌铁液流电池

→ **1979 年，美国提出碱性锌铁液流电池的概念**。1979 年，美国的 Adams 等最早在专利中提出了碱性锌铁液流电池的概念：负极和正极分别以锌和铁氰化物作为活性物质，采用了阳离子膜来隔开两侧的活性物质，在放电状态下，负极由锌转化为碱性锌酸盐溶液，正极由铁氰化物溶液转化为亚铁氰化物溶液。但由于碱性介质下的锌枝晶问题导致电池的循环性能较差，且阳离子隔膜的电阻较高，电池的工作电流密度较低（35mA/cm^2）。

→ **锌铁液流电池理论研究持续进步**。2017 年，中国科学院大连化学物理研究所开发出新一代高能量密度、低成本中性锌铁液流电池体系，在 40mA/cm^2 工作电流密度条件下，能量效率超过 86%，且连续运行超过 100 次循环性能无明显衰减。该体系活性物质浓度可达 2mol/L，其体积能量密度可达 56Wh/L。

→ **2020 年起，锌铁液流项目开始落地示范**。2020 年 9 月，国内首套 10kW 级碱性锌铁液流电池储能示范系统在金尚新能源科技股份有限公司投入运行，额定 10kW 功率下运行时系统的能量效率为 78.7%。2021 年 10 月，江西上饶 200kW/600kWh 锌铁液流电池成功并网。2024 年 1 月，上海杨浦滨江锌铁液流电池共享储能示范项目入选国家能源局新型储能试点示范项目。

水系有机液流电池

→ **2014 年，美国学者首次提出水系有机液流电池概念**。哈佛大学 Aziz 教授于 2014 年提出了以水溶性有机电活性分子作为储能介质的水系有机液流电池。2015 年起，美国高校及国家实验室的有关研究团队相继开展了水系有机液流电池相关的研究工作。国内，中国科学技术大学、南京大学、南开大学、西安交通大学、华南理工大学、常州大学等高校均有研发团队从事水系有机液流电池领域的研究。

→ **2013 年，德国最先开启水系有机液流电池的商业化进程**。2013 年，德国 Jenabatteriss GmbH 公司 (后经重组更名为 CERQ，后于 2023 年被宿迁时代储能科技有限公司收购) 成立，致力于水系有机液流电池的研发，并开发出 TEMPTMA/MVi 全有机体系。2014 年，法国的 Kemiwatt 公司和德国的 CMBlu Energy 公司相继成立，以蒽醌作为储能介质，加入水系液流电池的商业化队伍。

→ **2021 年，国内开始水系有机液流电池的产业化**。2021 年，宿迁时代储能科技有限公司成立，其 2GWh 水系有机液流电池生产线于 2023 年 8 月投产，首套兆瓦级水系有机液流电池产品于 2023 年 10 月成功下线。2024 年 1 月，入选国家能源局新型储能试点示范项目的辽宁省沈阳市于洪区 200MW/800MWh 混合储能示范项目包含 90MW/360MWh 水系有机液流电池储能。2024 年 9 月，内蒙古自治区示范项目鄂尔多斯 5MW/20MWh 水系有机液流电池储能系统开工建设。

34 液流电池储能具有哪些特点？

液流电池储能技术具有功率容量设计灵活、循环寿命长、安全可靠、环境友好等优点，具体如下：

功率容量设计灵活
大部分液流电池可实现能量单元与功率单元相互解耦，可通过增加电堆的数量和单体功率来提高系统功率，提高电解液浓度和增大储罐容量来增加容量，以满足不同应用场景的系统功率和储能时长，并可根据项目需求进行改建、扩建。全钒液流电池储能系统的输出功率和储能容量独立设计示意图如图 3-6 所示。

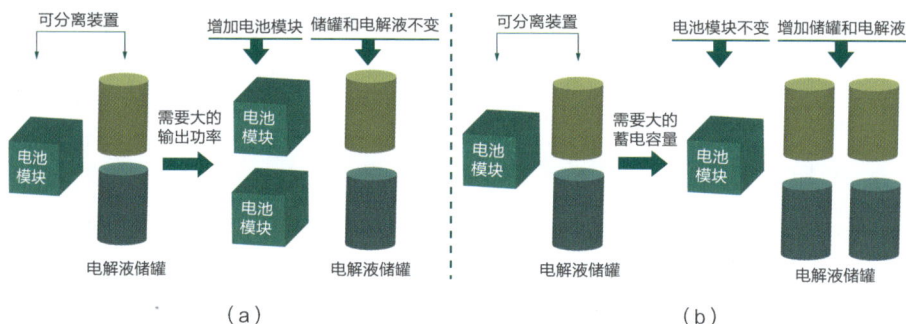

图 3-6 全钒液流电池储能系统的输出功率和储能容量独立设计示意图
（a）增加电堆的数量来提高系统功率；（b）增大储罐容量来增加容量
来源：张华民.全钒液流电池的技术进展、不同储能时长系统的价格分析及展望

循环寿命长
液流电池的电极为惰性电极，不参加氧化还原反应，电极和双极板等材料稳定性好，且全钒液流等技术路线氧化还原反应过程中不涉及相变，生命周期内基本无容量和效率衰减，循环寿命通常可以达到 15000～20000 次。

安全风险低
相较于锂离子电池，液流电池大部分技术路线使用水系电解液，不含易燃易爆的有机物，安全风险低。此外，液流电池的热量可以随电解液由内部转移到外部，不易出现热量堆积问题。

回收 价值高	液流电池电解液可循环利用、回收简单，回收利用后除了用于后续液流电池项目以外，部分资源还可以进入钢铁、石油、化工等诸多领域，残值较高。

当前，液流电池储能也存在一些不足：

系统复杂

为使储能系统在稳定状态下连续工作，储能系统需要配置电解质溶液循环泵、电控设备、通风设备、电解液温控设备等支持设备，并给这些储能系统支持设备提供能量，所以液流电池系统涉及电气、电解液、温度等多种控制环节，系统较为复杂。

能量密度低

液流电池能量密度低，占地面积较大，一般适用于对体积、重量要求不高的固定储能电站，而不适合用于移动电源和动力电池。

35　液流电池有哪些分类方法？

液流电池技术路线较多，分类方法多样，可按照正负极电解液中活性电对种类、正负极电解质活性物质的形态特征、电解液循环系统数量等进行分类。

根据活性电对种类分类

根据正负极电解液活性物质采用的活性电对不同，液流电池可分为无机液流电池和有机液流电池。无机液流电池以无机材料作为活性物质，发展相对成熟，稳定性较好，但电对数目有限，已有技术路线包括全钒液流电池、铁铬液流电池、锌溴液流电池、锌铁液流电池、全铁液流电池等。有机液流电池的正、负极氧化还原电对至少有一个是有机物，可以通过分子结构工程设计等方法对分子性质，如氧化还原电位、电化学可逆性、稳定性及溶解度等进行调节，从而提高电池能量密度和循环性能，且有机氧化还原电对多是由碳、氢、氧、氮、硫等元素组成，资源丰富且分布广泛。近年来有机液流电池得到了广泛关注，但有机物作为液流电池的活性物质，在电解液中的溶解性和稳定性还有待提高。

根据活性物质形态分类

根据正负极电解液活性物质的形态特征，液流电池可以分为液－液型液流电池和沉积型液流电池。

液－液型液流电池是指正、负极中氧化态及还原态的活性物质均为可溶于水的溶液状态的液流电池，例如全钒液流电池、铁铬液流电池等。

沉积型液流电池是指在运行过程中伴有沉积反应发生的液流电池。其中电极正负极电解液中只有一侧发生沉积反应的液流电池，称为半沉积型液流电池，如锌溴液流电池、锌铁液流电池等；电池正负极电解液均发生沉积反应的液流电池，称为全沉积型液流电池，如锌锰液流电池等。

根据电解液循环系统数量分类

根据电解液循环系统数量，液流电池可分为双液流电池和单液流电池。

双液流（双流动电解液）电池有两个电解液储罐，分别存储正极电解液和负极电解液，铁铬液流电池、全钒液流电池等常见的液流电池均是双液流电池。

单液流（单流动电解液）电池是一种特殊的液流电池，不同于有两个电解液储罐的常规液流电池，它只有一个电解液储罐。充电时，电解液中的金属离子被还原为金属单质，并沉积在负极上；放电时，金属单质被氧化为金属离子，并重新溶解在电解液中。常见的单液流电池有锌镍单液流电池、锌溴单液流电池等。

36　液流电池典型技术路线有哪些？

▶ **铁铬液流电池**

铁铬液流电池正极电解液活性材料为铁盐（$FeCl_2$），负极电解液活性材料为铬盐（$CrCl_3$），电解液基质为稀盐酸（HCl），采用 Fe^{3+}/Fe^{2+} 和 Cr^{3+}/Cr^{2+} 作为正、负极氧化还原电对，理论电压为 1.18V，原理如图 3-7 所示。

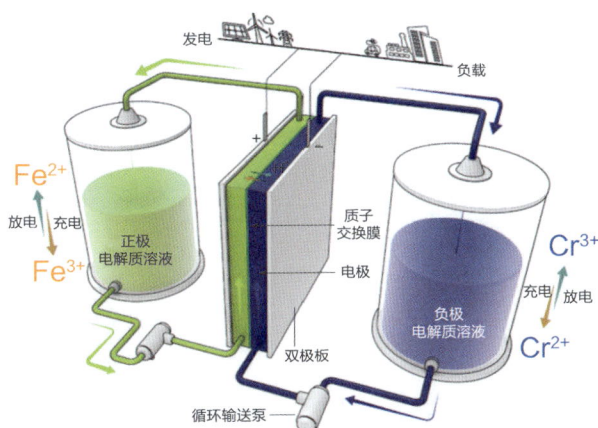

图 3-7　铁铬液流电池原理示意图
来源：国家电力投资集团有限公司

电池充放电时，电极上的反应如下：

充电过程

正极：$Fe^{2+} \rightarrow Fe^{3+} + e^-$

负极：$Cr^{3+} + e^- \rightarrow Cr^{2+}$

放电过程

正极：$Fe^{3+}+e^- \rightarrow Fe^{2+}$

负极：$Cr^{2+} \rightarrow Cr^{3+}+e^-$

　　铁铬液流电池的研发起步较早，研究人员进行了大量的基础性研究，如电极优化及设计、电解液体系优化、催化剂筛选、电池结构设计及优化等，为铁铬液流电池的应用奠定了良好的基础。当前，铁铬液流电池单堆功率可达 45kW，电流密度由 70mA/cm² 提升至 140mA/cm²，体积缩减至 40%。

　　铁铬液流电池具有高安全性、易回收、成本低等优势。但存在 Cr^{3+}/Cr^{2+} 负极电对反应动力学慢、析氢副反应严重、长时间运行后的电解液交叉感染、高低温交错环境下的热胀冷缩导致电池或电堆容易出现漏液等问题，还需持续攻关以实现产业规模化发展。

▶ 全钒液流电池

　　全钒液流电池的电解质活性材料是具有不同价态钒的硫酸盐，其中钒（Ⅴ）是活性元素。在酸性水溶液环境中，+2、+3、+4 和 +5 价态的钒可以稳定存在，正负电极的还原电位正好与水的电化学窗口相匹配，其工作原理如图 3-8 所示。

　　电池充放电时，电极上的反应如下：

充电过程

正极（$V^{4+} \rightarrow V^{5+}$）：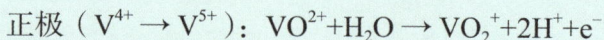$VO^{2+}+H_2O \rightarrow VO_2^++2H^++e^-$

负极（$V^{3+} \rightarrow V^{2+}$）：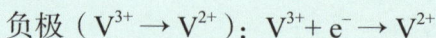$V^{3+}+e^- \rightarrow V^{2+}$

放电过程

正极（$V^{5+} \rightarrow V^{4+}$）：$VO_2^+ + 2H^+ + e^- \rightarrow VO^{2+} + H_2O$

负极（$V^{2+} \rightarrow V^{3+}$）：$V^{2+} \rightarrow V^{3+} + e^-$

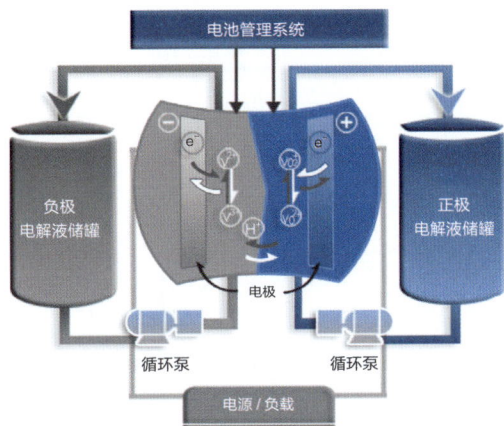

图 3-8　全钒液流电池工作原理

来源：大连融科储能技术有限公司

此电池正极反应的标准电位为 1.004V，负极为 -0.255V，故电池的标准电动势约 1.259V。根据电解液的浓度及电池的充放电状态，电解液中钒离子的存在形式会产生一些变化，从而对电池正极电对的标准电极电位产生一些影响，实际使用时此电池的开路电压一般在 1.5～1.6V 之间。

全钒液流电池具有技术和产业链成熟、无电解液交叉污染、氧化还原电对的电化学反应动力学良好、无明显析氢和析氧副反应、循环寿命长等优点，已经处于示范推广阶段。当前，全钒液流电池电堆经过持续研发，电堆功率不断提升，多家企业推出 30kW 以上的电堆。2023 年 12 月，中国科学院大连化物所研发出 70kW 单体电堆，并进一步提高了功率密度。

全钒液流电池也存在不足之处，受钒离子溶解度等的限制，能量密度较低，适用于对体积、重量要求不高的固定储能电站，而不适合用于移动电源和动力电池。同时，钒较为昂贵，导致电池初装成本较高。但全钒液流电池退役时电解液可回收，有较高的残值，按照全生命周期等效度电成本对其进行评价，则仍然具有一定经济竞争力。

▶ 锌基液流电池

锌基液流电池是采用资源丰富的锌作为负极活性物质的液流电池，包括锌溴液流电池、碱性锌铁液流电池、锌镍单液流电池、锌溴单液流电池、锌碘液流电池、中性锌铁液流电池、锌碘单液流电池、锌锰液流电池、锌空气单液流电池等。锌基液流电池具有活性物质来源广泛、成本低、能量密度高等优势，但也面临锌枝晶、锌积累、锌脱落、储能容量与电极面积相关联等金属沉积型液流电池共性问题（如图3-9所示）。目前，锌溴液流电池、锌铁液流电池逐步走向产业化，其余技术路线目前多数还处在实验室研究阶段。

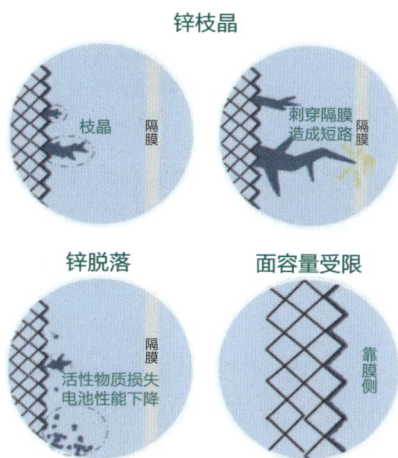

图 3-9 锌枝晶和锌脱落
来源：中国科学院大连化学物理研究所

锌溴液流电池正、负极电解液同为溴化锌（$ZnBr_2$）水溶液，不存在电解液的交叉污染问题，电解液再生简单，其工作原理如图3-10所示。充电时，正极生成溴（$Br^- \rightarrow Br_2$），并与电解液中的溴络合剂络合成油状物质，沉积在储罐底部以降低溴的挥发性，提高系统安全性；电解液中的锌离子被还原成金属锌沉积在负极上（$Zn^{2+} \rightarrow Zn$），因此锌溴液流电池属于单沉积液流电池，电池容量受限于电极上可供锌沉积的有效空间，不具备非沉积型液流电

图 3-10　锌溴液流电池原理图

（a）充电过程；（b）放电过程

来源：江苏恒安储能科技有限公司

池功率和容量完全独立设计的优势。放电时，与之相反，负极表面的锌溶解，同时络合溴被重新泵入循环回路中并被打散，转变成溴离子。

锌铁液流电池可在很宽的酸碱度范围内工作，可进一步分为碱性、酸性以及中性锌铁液流电池，其工作原理如图 3-11 所示。碱性锌铁液流电池开路电压较高，搭配多孔膜和多孔电极后可以在较高的电流密度

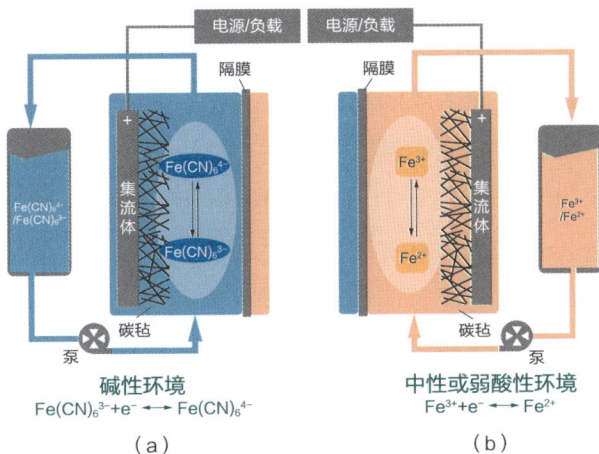

图 3-11　锌铁液流电池原理图

（a）碱性锌铁液流电池原理；（b）中性或弱酸性环境锌铁液流电池原理

来源：中国科学院大连化学物理研究所

下长期循环；酸性锌铁液流电池充分利用了铁离子在酸性介质中溶解度高、电化学性能稳定的优势，但负极受酸碱度影响较大，析氢反应严重；中性锌铁液流电池无毒无害、环境温和，逐渐受到关注，与多孔膜结合可有效降低电池成本。目前碱性锌铁液流电池是锌铁液流电池的主要产业化发展方向。

▶ 全铁液流电池

全铁液流电池的正负极活性物质为不同价态的含铁化合物，正极为 Fe^{3+}/Fe^{2+} 电对，负极为 Fe^{2+}/Fe 电对，其只含单一活性元素铁，避免了活性离子互串问题。该技术可分为酸性和碱性两种体系。

酸性全铁液流电池中，负极涉及金属铁的沉积反应，金属铁在电极中沉积并附着在电极上时易形成枝晶，枝晶在电池隔膜方向累积并可能刺穿隔膜，引起电池短路。同时，在酸性条件下易发生析氢副反应。

碱性全铁液流电池采用碱性水溶液，析氢反应不易发生，且络合物与铁结合后可调控铁离子 / 亚铁离子的氧化还原电位，使得不同铁络合物配对产生电位差（电压）。此外，铁络合物一般为可溶性物质，因此可有效消除沉淀与枝晶生成问题，通过对络合物的亲水性设计有利于提升溶解度，从而提高电池能量密度。目前，巨安储能的全铁液流储能系统的单体电堆功率已提升至 31.5kW，整体功率扩容至 250kW。

全铁液流电池采用的电解液原材料为铁，其资源丰富、价格便宜且较为稳定，具有一定的资源优势和经济竞争力。目前，全铁液流电池尚处于产业化初期，还需在实践中不断推动技术走向成熟。

▶ 水系有机液流电池

水系有机液流电池的结构与其他液流电池类似，不同之处在于使用来源广泛的可溶于水的有机物作为电化学活性物质。理想的有机活性分子需具备良好的水溶性、合适的氧化还原电位、高电化学活性和高稳定性，以及较低的运行成本等特点，一系列包含醌、吩嗪、紫精、硝酰自由基和二茂铁等电活性有机骨架的分子，在水系液流电池领域展现了良好的性能和应用前景。

但水系有机液流电池中有机氧化还原电对的稳定性相对较差，大部分有机活性材料在水溶液中的溶解度较低，导致能量密度偏低，且在反应过程中容易出现氧化、聚合、分解等不可逆副反应，导致电池容量不可逆衰减。目前有机液流电池体系有醌基液流电池体系、紫精类液流电池体系、吩嗪基液流电池体系、TEMPO（2,2,6,6- 四甲基哌啶 -N- 氧基）类液流电池体系等。

37　液流电池电堆主要由哪些部件组成?

电堆是由数节或数十节单电池以板框式压滤机的方式叠合而成，相邻单电池通过双极板串联在一起。电堆主要部件包括双极板、电极框、电极和离子传导膜等，其结构如图 3-12 所示。电堆主要结构的性能要求如下:

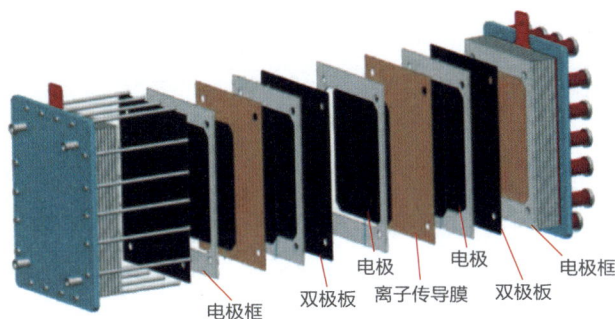

电极框　　双极板　离子传导膜　　双极板　电极框
电极　　　电极

图 3-12　液流电池电堆结构示意图

来源：中国科学院大连化学物理研究所

正、负电极	提供氧化还原反应的场所，需要有良好的催化活性，从而提高电化学反应速度，使电池有较好的倍率性能；良好的电化学稳定性，适应电解液的酸性/碱性环境以及电解液的强氧化性，减少液流电池的维护，提高使用寿命；具有较高的比表面积，以保证电极和电解液充分接触，提高单位体积电解液电化学反应总量；具有较好的导电性，降低电池内阻。
隔膜	一方面分隔正负极，防止电池内部短路；另一方面允许电荷载体转移，形成闭合回路。对于电解液有交叉污染风险的技术路线，对隔膜的要求更高，需要有选择性地让电荷载体通过，而隔离正负极电解液其他组分。
电极框	固定电极，并且实现电极和外部电路的电连接（导电）。电极框架还有助于在电解液流动时将其均匀分布在电极表面上，并防止电解液泄漏。
双极板	串联相邻的液流电池单电池，同时实现液流电池单电池的分隔，并为电堆提供结构支撑。双极板使相邻两个液流电池单体围成电极室，通常采用流道设计，引导电解液尽可能均匀地分布在电极上。双极板须具有高电导率、低接触电阻、良好的耐腐蚀性、高机械强度和低成本等特性。

38 液流电池的电极材料有哪些？

　　液流电池电极的主要作用是提供电化学反应的场所，理想的电极材料应具有高电子导电性、高活性、高稳定性、高浸润性及高比表面积等特征。以产业化程度较高的全钒液流电池为例，目前使用的电极材料可分为金属类电极材料和碳素类电极材料。

　　金属类电极材料包括金、铅、钛、钛基镀铂和钛基镀氧化铱等金属材料，具有电导率高、机械性能好的特点。但是金、锡和钛电极电化学可逆性均较差，锡和钛电极易在表面形成钝化膜，阻碍活性物质与金属活性表面的接触，造成电极性能衰减。钛基镀铂、钛基镀氧化铱具有较高的电化学可逆性，但制造成本非常高，限制了其规模化应用。

碳素类电极材料包括碳毡和石墨毡等，二者均由碳纤维组成。石墨毡是由碳毡在 2000℃ 以上的高温下热处理而成，因其价格低、导电性好、电化学窗口宽、比表面积大、稳定性高等优点，成了目前液流电池的主流电极材料。通过电极表面催化活性改性和电极表面积的改性，可以进一步提高碳素类电极材料的电化学性能。此外，电极表面也可以设计并加工流道，与双极板上流道结构相互配合，提高电堆运行的稳定性和系统的经济性。

39 液流电池隔膜主要有哪些？

液流电池隔膜的功能是分离正负极电解液以防止电池短路，同时允许电荷载体（如 H^+）自由通过，保证正负两极电荷平衡而构成电池回路。液流电池隔膜应具有优良的离子传导性、较高的离子选择性、优良的机械和化学稳定性、较低的成本等特性，不同活性电对和电荷载体的液流电池对隔膜性能的要求也会有所不同。

目前液流电池隔膜主要有含氟离子交换膜、非氟离子交换膜、多孔离子传导膜。

全氟磺酸离子交换膜是指采用全氟磺酸树脂制成的隔膜，是最常见的含氟离子交换膜，最有代表性的是杜邦公司生产的 Nafion 膜。它是四氟乙烯与全氟醚磺酰氟的共聚物经水解后的产物，具有很强的阳离子选择透过性，且具有较好的热稳定性和化学稳定性。但其价格昂贵，合成步骤复杂，且涉及高毒性的氟单体。使用氢离子作为电荷载体的液流电池（如全钒液流电池）常用该隔膜。此外，全氟磺酸膜可以进一步通过改性工艺提高其离子透过的选择性，如在 Nafion 树脂溶液中加入一定量的乙二胺后，浇铸在磺化聚醚醚酮（SPEEK）膜上得到 N/S 膜复合膜，N/S 膜复合膜相比 Nafion 膜有更低的离子透过性，并且仅略微增加了电阻。

非氟离子交换膜包括仅包含荷负电基团的阳离子型交换膜、仅包含荷正电基团的阴离子型交换膜和同时包含荷正电和荷负电基团的两性离子交换膜。非氟离子交换膜具有选择性高、成本低的优势，但其在液流电池环境下的降解机理比较复杂，稳定性较差。

多孔离子传导膜材料中通常不含离子交换基团，基于孔径筛分传导机理实现离子选择性筛分透过，从而实现离子选择性传导。水合质子、氯离子等体积较小的离子可以通过离子传导膜，而尺寸较大的物质，如水合钒离子、络合溴等难以透过。当前，多孔离子传导膜研究的重点是平衡其离子选择性和离子传导性的矛盾，同时提高其稳定性并降低成本。

总体而言，目前市场上主流隔膜仍以全氟磺酸交换膜为主，我国在全氟磺酸交换膜国产化方面取得了一定突破，非氟离子交换膜、多孔离子传导膜目前尚处在小规模示范应用阶段。

40 液流电池储能系统的造价水平如何？

液流电池储能系统的电堆和电解液是其成本的主要构成部分。以全钒液流电池为例，当电解液原料五氧化二钒的价格为 10 万元 /t 时，电解液价格为 1500 元 /kWh，除电解液外储能系统其他部分价格为 6000 元 /kW。当储能时长为 2h 时，储能系统造价约 4500 元 /kWh；储能时长为 4h 时，储能系统造价约 3000 元 /kWh；储能时长为 10h 时，储能系统造价约 2100 元 /kWh，具体如图 3-13 所示。由于全钒液流电池的输出功率和储能容量相互独立，因此储能时长越长，液流电池电堆的单位容量造价越低，系统成本也越低。同时，储能时长为 4h 时，电解液的成本约占系统总成本的 50%，电堆占总成本的 30%；储能时长为 10h 时，电解液的成本占系统总成本的 70% 以上。

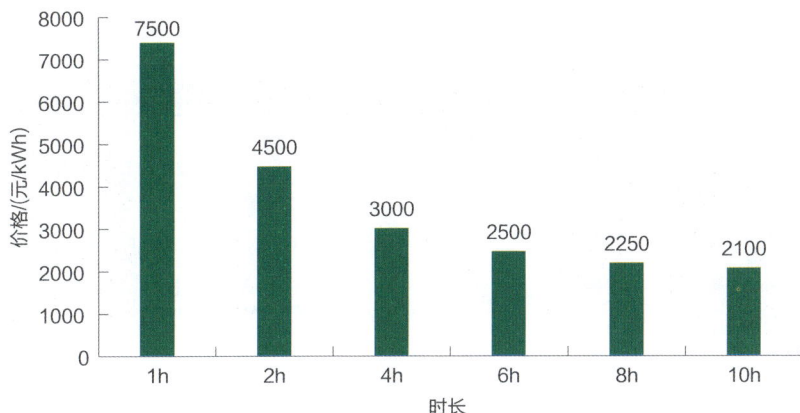

图 3-13　不同储能时长全钒液流电池储能系统的价格

来源：大连融科储能技术发展有限公司

当前，全钒液流电池储能造价呈下降趋势。2022 年已投运的大连液流电池储能调峰电站（一期 100MW/400MWh）单位造价 4.5 元 /Wh，2024 年 4h 及以上时长储能项目招标工程造价在 2～3 元 /Wh 之间。尽管液流电池储能的初始投资较高，但其电解液可循环利用，电堆等材料回收利用成熟，系统残值较高，全寿命周期成本仍具有一定竞争力。

41　液流电池储能有哪些典型应用？

液流电池功率和容量通常可解耦设计，尤其适合应用于储能时长 4h 以上的长时储能场景。近年来，以全钒液流电池为代表的液流电池储能逐步从示范走向推广，在电源侧、电网侧、用户侧都有所应用。

电源侧

大唐国际瓦房店镇海网源友好型 100MW 风电场共安装配置了总容量 10MW/40MWh 的全钒液流电池（如图 3-14 所示），于 2020 年 12 月并网发电，该电站采用风储互补模式，有效提升风电的消纳水平。

图 3-14　大唐国际瓦房店镇海 10MW/40MWh 全钒液流电池储能项目
来源：大连融科储能技术发展有限公司

电网侧

2022 年 10 月，大连液流电池储能调峰电站（如图 3-15 所示）作

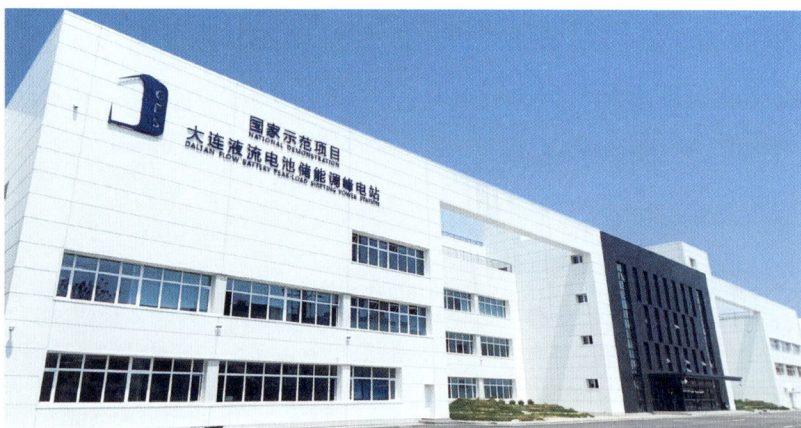

图 3-15　大连液流电池储能调峰电站
来源：大连融科储能技术发展有限公司

为我国首个百兆瓦级全钒液流电池储能调峰电站投运。该电站总建设规模 200MW/800MWh，一期规模 100MW/400MWh，使用我国自主开发的全钒液流电池储能技术，主要功能是为电网提供调峰、调频等辅助服务。该电站运行良好，2023 年中开始接受辽宁省电网的调度，到 2023 年底调度运行 240 多个循环，累计充放电量约 1×10^8 kWh。

用户侧

安徽枞阳海螺 6MW/36MWh 全钒液流电池储能项目（如图 3-16 所示）于 2022 年 12 月并网，是当时行业内规模最大的全钒液流电池用户侧储能电站，采用削峰填谷运行方式，有效缓解高峰供电压力，提升厂区电网调节灵活性，同时降低用户用能成本。

图 3-16　安徽枞阳海螺 6MW/36MWh 全钒液流电池储能项目
来源：大连融科储能技术发展有限公司

2024 年 1 月，国家能源局公布了一批新型储能示范项目，其中液流电池储能入选 8 项，具体如表 3-1 所示。

表 3-1　国家能源局 2024 年新型储能试点示范项目（液流电池储能项目）

序号	项目名称
1	四川省眉山市甘眉工业园 100MW/400MWh 全钒液流电池储能示范项目
2	山东省潍坊市高新区 100MW/400MWh 全钒液流电池储能示范项目
3	吉林省乾安县 100MW/400MWh 全钒液流电池储能示范项目
4	陕西省陇县 300MW/1800MWh 全钒液流电池储能示范项目
5	江苏省滨海县 100MW/400MWh 全钒液流电池储能示范项目
6	湖北省英山县 100MW/400MWh 铁基液流电池储能示范项目
7	湖北省襄阳市高新区 100MW/500MWh 全钒液流电池储能示范项目
8	上海市杨浦区锌铁液流电池储能示范项目

42　液流电池未来发展趋势如何？

液流电池具有超长寿命、高安全性和可扩展性的优点，但当前仍然面临初投资较高、能量密度低等挑战，限制了其广泛应用。未来，液流电池将在提升性能、降低成本、扩大应用等方面不断进步。

基础技术创新的持续加强，将不断提升液流电池关键性能指标

非氟离子膜等高性能、低成本的关键材料的研发将提高大规模液流储能系统的性能，降低系统成本。非水型有机液流电池等技术新体系的研发，有望提升液流电池的功率密度。此外，高效、绿色提钒新工艺的开发，将提高钒资源回收利用水平，降低电池系统全生命周期成本。

集成技术的不断优化，将推动液流电池系统成本下降

电堆设计的逐步优化，将提高电堆工作电流密度，有效降低电堆成本；电池系统管理策略的丰富和完善，将降低系统辅助功耗，提升系统能量转换效率，提高系统运行稳定性与可靠性。

商业模式的不断创新，将降低液流电池初始投资

电解液租赁商业模式将不断扩大，租赁公司出资购买电解液并进行租赁，用户只需购买电池的基本结构和组件，可以大大减少初始投资，同时实现电解液的专业管理与维护，有利于降低运行风险，实现市场良性循环。

液流电池应用规模的逐渐扩大，将带动产业链进一步完善

当前，我国液流电池产业链初步建立。随着液流电池储能的应用规模不断扩大，国产化离子交换膜的技术突破及工程验证，产业的规模效应有望带动产业链配套能力不断增强，系统成本也有望进一步降低。

高安全、长时储能领域，将成为液流电池主要应用场景

随着新型电力系统对储能应用的时间尺度需求逐渐多样化，长时储能技术正成为储能市场的重要发展方向。具有功率和容量单独设计的液流电池，将发挥其方便扩展、适用于长持续时间、大规模储能的优势，更好地服务于新型电力系统建设。

第四章

铅酸（炭）电池储能

43　铅酸电池储能的工作原理是什么？

铅酸电池技术历经160余年的发展，技术成熟度高。铅酸电池主要由正极板、负极板、板栅、微孔隔板、电解液、安全阀、正极连接单元、负极连接单元、壳体等构成，如图4-1（a）所示。正极板上的活性物质为二氧化铅（PbO_2），负极板上的活性物质为海绵状的纯铅（Pb），在充放电过程中，正负极中的活性物质与电解液中的硫酸（H_2SO_4）发生可逆化学反应完成充放电，板栅起传导、汇集电流并使电流分布均匀的作用，同时也是活性物质的载体。铅酸电池工作原理如图4-1（b）所示。

放电过程

正极：$PbO_2 + HSO_4^- + 3H^+ + 2e^- \rightarrow PbSO_4 + 2H_2O$

负极：$Pb + HSO_4^- \rightarrow PbSO_4 + 2e^- + H^+$

放电过程中，正极板上的 PbO_2 和负极板上的 Pb 都逐渐变为硫酸铅（$PbSO_4$）沉积在极板上，电解液中的 H_2SO_4 含量逐渐减少而水含量增加，因此电解液的相对密度会下降，同时因为 $PbSO_4$ 导电性比 PbO_2 和 Pb 差，随着放电深度增加，电池的内阻也会逐渐增加。

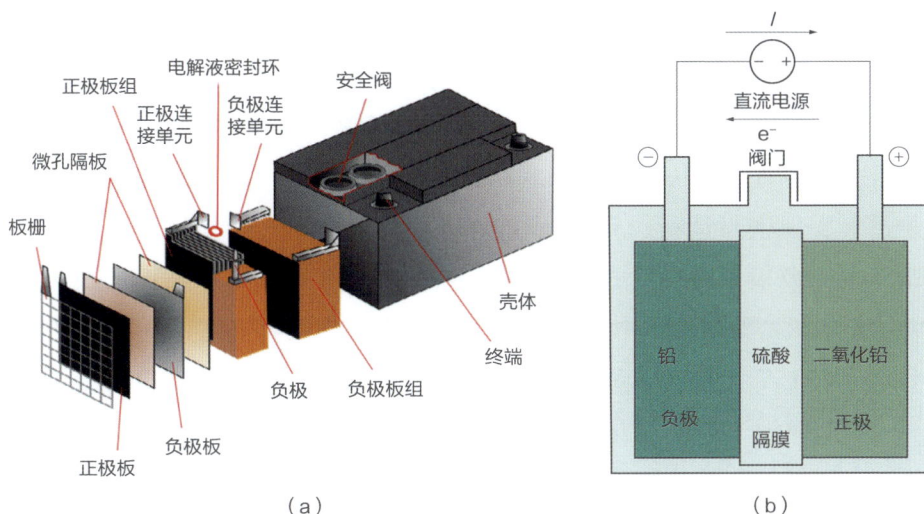

图 4-1　铅酸电池结构组成示意图和工作原理示意图

（a）结构组成示意图；（b）工作原理示意图（充电过程）

图（a）来源：A.C.Loyns. Encyclopedia of electrochemical power source;

图（b）来源：惠东，相佳媛，胡晨，等. 电力储能用铅炭电池技术

充电过程

正极：$PbSO_4 + 2H_2O \rightarrow PbO_2 + HSO_4^- + 3H^+ + 2e^-$

负极：$PbSO_4 + 2e^- + H^+ \rightarrow Pb + HSO_4^-$

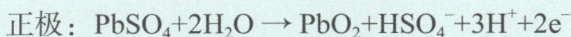

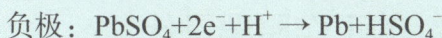

在充电过程中，正、负极板上的 $PbSO_4$ 将逐渐转化为 PbO_2 和 Pb，电解液中的硫酸含量逐渐增多，水含量逐渐减少。当 $PbSO_4$ 已基本还原成 PbO_2 和 Pb 时，充电电流将电解水，使正极产生氧气（O_2），负极产生氢气（H_2）。

$$2H_2O \rightarrow 2H_2 \uparrow + O_2 \uparrow$$

充电电流越大，则电解水生成的气体越多，容易使极板上的活性物质脱落。因此，在充电末期，充电电流宜使用小电流。

在传统铅酸电池中，水的分解是不能完全避免的，经过一段时间的运行后，水被消耗会导致电解液无法浸没电极板。因此传统的铅酸电池在使用一段时间后要补充蒸馏水，使稀硫酸电解液保持 1.28g/mL 左右的密度。

为了解决铅酸电池频繁补充蒸馏水的问题，学者研究提出阀控式密封铅酸蓄电池（valve regulated lead acid，VRLA），通过内部氧循环的方式来实现密封运行，正极析出的氧通过特殊的气体空隙转移至负极板，在负极板上再化合成水，防止水分减少，不再需要添加蒸馏水。VRLA 的核心是氧复合技术和电解液固定技术。根据固定电解液的方法不同，VRLA 分为胶体密封铅酸电池和超细玻璃棉隔板铅酸电池两类。

铅酸电池工艺已经非常成熟，具有安全性好、成本低、可回收性强的优点，但是传统铅酸蓄电池大电流充放电性能差、使用寿命短等问题限制了其在储能领域的应用。在部分荷电充放电状态下，负极会出现硫酸盐化效应，在负极板上生成白色坚硬的硫酸铅晶体斑点，充电时难以转化为活性物质，严重缩短电池使用寿命。为了缓解这个问题，铅炭电池被提出，通过超级电容器与传统铅酸电池融合，实现电池高比功率、长寿命的特点。

44 铅炭电池储能的工作原理是什么？

铅炭电池[1]与传统铅酸电池相比，电解液、正极等基本相似，主要差异在于负极结构的不同。不同于铅酸电池使用铅作为负极活性材料，铅炭电池使用具有双层电容特性的炭材料和铅组成的双功能复合负极。

铅炭电池根据炭材料的添加方式不同，可以分成四类，如表 4-1 所示。其中，采用炭材料部分取代负极活性物质，且炭材料和铅之间没有明显的相界面的"内混"方式制备方法相对简单，无需改变现有铅酸电

---

[1] 国际上，铅炭电池的英文表述为 lead-carbon battery，故也有学者采用铅碳电池的说法。

池的制造工艺，仅在和膏阶段加入炭材料，可以直接采用现有铅酸电池生产工艺和生产设备，便于快速实现规模化生产，是主流的铅炭电池技术路线。但采用此种方法会在一定程度上增加电池的析氢，从而导致电池失水。目前，主要采用向负极活性物质中添加析氢抑制剂（金属氧化物、金属氢氧化物等）的方法来缓解电池析氢问题。

表4-1　铅炭电池分类

铅炭电池类别		原理	代表产品
炭材料全部取代负极活性物质		正极活性物质采用二氧化铅，负极活性物质为炭材料	美国Axion power公司生产的铅炭电池
炭材料部分取代负极活性物质	炭材料和铅之间存在明显的相界面（内并式，如图4-2所示）	两种负极并联成为一个完整的负极，而正极板采用二氧化铅	澳大利亚联邦科学与工业研究组织和美国东宾电池公司开发的铅炭电池（超级电池）
	炭材料和铅之间没有明显的相界面（内混式，如图4-3所示）	炭材料以添加剂的形式，按照一定的比例在和膏阶段加入负极活性物质中，并且不改变电池的结构	铅酸蓄电池企业主要采用本方式制作铅炭电池
采用炭材料制作板栅或者作为板栅添加剂		采用网状玻璃炭、泡沫炭、石墨泡沫、蜂窝炭等作为负极板栅，也被称为炭板栅电池	尚处在实验室阶段

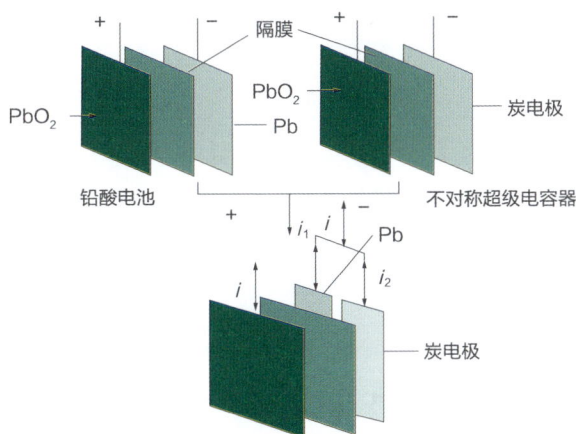

图4-2　内并式铅炭电池（超级电池）示意图

来源：廉嘉丽，王大磊，颜杰，等.电力储能领域铅炭电池储能技术进展

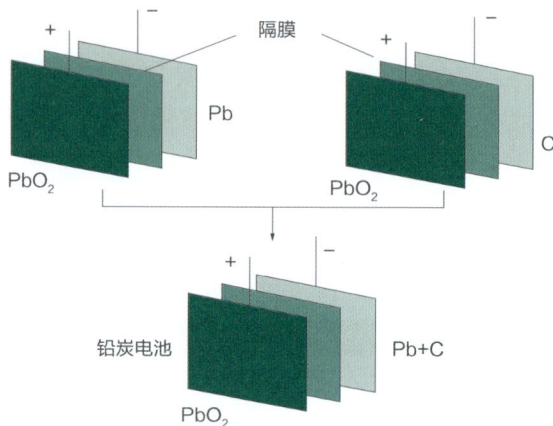

图 4-3　内混式铅炭电池示意图

来源：廉嘉丽，王大磊，颜杰，等．电力储能领域铅炭电池储能技术进展

　　铅炭电池（内混式）的负极形成了铅金属 – 炭颗粒组成的较为均匀、细小的网络，此结构有利于缩短扩散距离，提高反应均匀性，而且炭本身具有良好的导电性和电容特性，使得铅炭电池具有比传统铅酸电池有更好的低温启动能力、充电接受能力和大电流充放电性能：

　　大电流工作时，主要由具有电容特性的炭材料释放或接收电流，此时负极铅的氧化还原反应速率较小，因此不会像传统的铅酸电池一样，在部分荷电态工况下发生"负极硫酸盐化"，显著延长了电池使用寿命。

　　小电流工作时，主要由负极铅的氧化还原反应持续提供能量。大电流工况下电解液中迁移到正负极的阴、阳离子也会就近发生氧化还原反应，逐步均匀化。

45　铅酸（炭）电池的发展历程是怎样的？

　　铅酸电池是最早的可重复使用的二次电池，其发展已历经 160 余年。

▶ 原理探索期

1859 年

法国物理学家 Raymond Gaston Planté 发明了可充电的铅酸电池，于 1860 年向法国科学院送交样品，标志着第一个可以重复使用的二次电池问世。

1881 年

法国工程师 Camille Alphonse Faure 和 Charles Francis Brush 制成涂膏式极板，即用铅的氧化物和硫酸水溶液混合制成铅膏涂在铅板上，较好地防止了活性物质的脱落，使铅酸电池的制造工艺有了很大进步。

英国 John Scudamore Sellon 采用 Pb-Sb 合金制造板栅，克服了由于充放电前后电极活性物质体积膨胀、收缩使板栅发生变形的问题，大大提高了电池极板的强度，使铅酸电池的寿命有了较大提高。

1882 年

英国科学家 John Hall Gladstone 与 Alfred Tribe 提出双硫化理论，发表在英国"自然"杂志上，建立了公认的铅酸电池反应原理。

▶ 商业化应用初期

1905 年

第一个铅酸电池用于汽车（起初只为照明用）。

1914 年

第一次将启动型铅酸电池用于汽车。铅酸电池迎来了第一个广泛应用时期，但是运行过程中产生酸雾、需要定期维护的问题一直受到关注。

1957 年

德国阳光集团（Sonnenschein）发明胶体密封铅酸电池，以二氧化硅（SiO_2）作凝固剂，电解液吸附在极板和胶体内，一般立放工作。

1971 年

美国 Gates 公司发明吸液式超细玻璃棉隔板铅酸电池（VRLA-AGM），采用吸附式玻璃纤维棉作隔膜，电解液吸附在极板和隔膜中，电池内无流动的电解液，电池可以立放工作，也可以卧放工作。该电池自 1972 年实现商业化之后，被逐渐应用于众多领域。

▶ **应用推广期**

1986 年

1986 年，德国建成了世界第一个铅酸电池储能电站；美国自 1987 年起陆续在各州建立起多个不同规模的铅酸电池储能系统，分别用于削峰填谷、改善电能质量、提高能源利用率。

1987 年起

VRLA-AGM 电池在电信领域得到了广泛应用，地域包括欧洲、美国及亚洲等国家和地区。

2004 年

澳大利亚联邦科学与工业研究组织（Commonwealth Scientific and Industrial Research Organisation，CSRIO）的 Lan Trieu Lam 团队用炭材料代替部分负极活性物质，发明了内并式铅炭电池，即超级电池（UltraBattery）。其主要用于混合动力汽车，但生产难度较大，推广程度有限。

2006～2010年

2006 年，日本古河电池株式会社商业化了超级电池，进行了量产；2008 年美国东宾制造公司（East Penn Manufacturing Co.Ltd）、CSRIO 与日本古河电池株式会社签署排他协议，在北美进行超级电池生产。

2009 年，美国科学家 Moseley Patrick T. 对内混式铅炭电池等形式的铅炭电池原理进行研究，进一步明确了炭材料在负极中的作用。

2010年起

保加利亚科学院院士 Detchko Pavlov 和许多铅酸电池科学家开发了一种用于混合动力汽车和可再生能源存储的铅炭电池。

我国有关铅酸蓄电池企业在铅炭电池的研究上也取得了突破性进展。南都电源、天能集团、双登集团等公司均开发出铅炭电池并已经应用于通信、储能等领域。

2023 年，国家电投和天能集团共同建设目前世界上规模最大的铅炭智慧电厂"和平共储"，装机容量规模为 100MW/1061MWh。

46　铅炭电池具有哪些特点?

铅炭电池兼具铅酸电池与超级电容器的特点，具有安全性高、成本低等优势，也存在能量密度低，循环寿命短等不足。

铅炭电池优势

1. 成本低廉。制造工艺简便，相较锂离子电池、全钒液流电池，铅炭电池的建造成本相对较低。

2. 安全性好。由于铅炭电池的电解液是硫酸水溶液，只要保持通风，电池很难发生燃烧或爆炸。

3. 可回收再生。铅炭电池回收工艺相对成熟，可以实现资源循环利用。

	① 功率密度、能量密度偏低，在 30~60Wh/kg 之间。	② 充电倍率低，满充通常需要 8h 以上。	③ 循环寿命短，其循环寿命为 2000~5000 次，重复深度充放电会缩短电池寿命。
铅炭电池劣势			

47　铅炭电池储能有哪些典型应用？

铅炭电池安全性好、性价比高，近年来在储能领域逐渐受到关注，在电网侧、用户侧都有一定的应用。

电网侧储能

2020 年 10 月，湖州长兴雉城 12MW/24MWh 全国首座电网侧铅炭储能电站正式并网投运，电站可有效减少电网负荷峰谷差，提升电网弹性。

用户侧储能

2018 年投运的江苏无锡新加坡工业园 20MW/160MWh 智能配电网铅炭储能电站，是当时全球规模最大的用户侧商业化储能电站。

国家电投集团投资建设的浙江湖州综合智慧零碳电厂"和平共储"项目，储能装机容量 100MW/1061MWh，2023 年 5 月项目一期已正式并网运行，是目前世界上规模最大的铅炭储能电站，其工程现场如图 4-4 所示。2024 年 1 月，该项目入选国家能源局新型储能试点示范项目。

图 4-4　浙江湖州铅炭智慧电厂"和平共储"项目
来源：国家电力投资集团有限公司

48　铅炭电池储能未来发展趋势如何？

铅炭电池具有初始投资成本低、安全可靠、回收率高等优势，但也存在循环寿命短、能量密度低、充电时间长等不足，未来发展趋势主要集中在以下几个方面：

研发新材料，减少副反应，延长使用寿命

行业将持续研发新型环保、长寿命、低成本铅炭电池：开发缓解电池析氢问题的新型炭材料，优化电解液添加剂，提高电池循环性能。开发高导电的专用多孔炭材料，提高电池充电接受能力，进一步缩短充电时间。

优化电池本体结构设计，提高能量密度

降低板栅重量或者优化电极结构制备轻量化电极，采用泡沫铅替换铅板栅、轻元素部分替代铅元素等手段，提高铅炭电池质量与体积能量密度。正在研发的双极性电池，有望提升功率密度和体积能量密度。

铅炭电池与其他储能技术混合使用将是未来趋势

铅炭电池的安全性使得其适合于用户侧储能应用场景，如分布式新能源发电系统、用户削峰填谷和需求侧响应等。同时，可以通过构建复合储能系统，如燃料电池＋铅炭电池＋超级电容器复合储能系统、铅炭电池＋锂离子电池＋超级电容器复合储能体系等，以满足未来多元化应用需求。

第五章

钠离子电池储能

49　钠离子电池储能的工作原理是什么？

钠离子电池与主流锂离子电池原理类似，正负极均由可以存储或者释放钠离子的材料构成，基于"摇椅电池"原理实现可逆充放电过程。因为钠与锂处于周期表同族，价电子数相同，且具有相似的物理化学性质，无论充放电原理，还是电池构造，甚至电芯外观，钠离子电池和锂离子电池都有着高度的相似性，像是一对"孪生兄弟"。

钠离子电池主要由正极、负极、隔膜、电解液和集流体等构成，其中，正负极之间由隔膜隔开以防止短路，电解液浸润正负极确保离子导通，集流体用于收集和传输电子。

钠离子电池工作原理如图 5-1 所示，充电时钠离子从正极脱出，经电解液穿过隔膜嵌入负极，使正极处于高电势的贫钠态，负极处于低电势的富钠态。放电过程则与之相反，钠离子从负极脱出，经由电解液穿过隔膜重新嵌入到正极材料中，使正极恢复到富钠态。为保持电荷平衡，充放电过程中有相同数量的电子经外电路传递，与钠离子一起在正负极间迁移，使正负极发生氧化和还原反应。

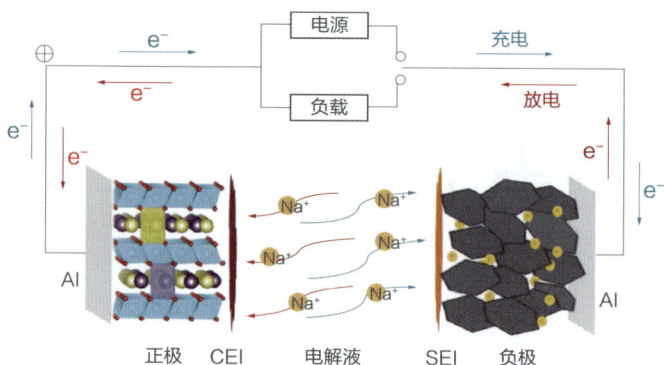

图 5-1 钠离子电池工作原理示意图

来源：周权，戚兴国，陆雅翔，等. 钠离子电池标准制定的必要性

在早期研发阶段，钠离子电池和锂离子电池几乎是同步发展。随着锂离子电池的正负极材料先于钠离子电池成功研制，并率先实现商业化，锂离子电池得到广泛应用，钠离子电池的研究几乎被搁置。近年来，随着锂资源瓶颈显现，钠离子电池技术研发和产业化重新被人们关注。

50 钠离子电池的发展历程是怎样的？

20 世纪 70 年代

人们对钠离子电池和锂离子电池的相关研究同步开展，并提出"摇椅电池"的概念。

20 世纪 80 年代初

发现钠二次电池嵌钠正极材料

研究人员几乎在同一时期发现了层状氧化物材料 $LiMO_2$ 可作为锂离子电池正极材料，$NaMO_2$ 可作为钠离子电池正极材料［M 代表钴（Co）、镍（Ni）、铬（Cr）、锰（Mn）］。

20 世纪 80 年代末至 21 世纪初

钠离子电池发展进入低谷期

20 世纪 80 年代末，适用于锂离子电池的石墨负极材料成功研制，而石墨作为钠离子电池负极时性能很差，适用于"摇椅式"钠离子电池的负极材料迟迟没有突破，导致钠离子电池发展进入低谷期。

2000 年

发现钠离子电池用嵌钠负极材料

2000 年，加拿大科学家 Stevens 和 Dahn 发现了钠离子在硬碳材料中具有良好的嵌入性能，重新燃起了研究人员对室温钠离子电池的兴趣。但是因为钠离子电池与锂离子电池的使用场景大部分重叠，钠离子电池替代锂离子电池的实际动力不足，所以并没有掀起钠离子电池研究的热潮。

2010 年起

钠离子电池正负极材料研究热度大幅提升，钠离子电池重新进入大众视野

随着锂离子电池的大规模应用，锂资源的稀缺性导致原材料成本快速上升，并且锂资源在全球分布不均，人们开始寻找锂离子电池的替代产品。据美国化学领域综合性期刊《Chemical Reviews》的数据，2010 年前，钠离子电池相关研究的年发表论文数不到 10 篇，自 2010 年开始迅速上升，到 2013 年超过了 130 篇。

2015 年

钠离子电池迈出商业化的第一步

2015 年，法国国家科学研究中心（Centre National de la Recherche

Scientifique，CNRS）建立的法国电化学储能研究网络（Réseau sur le stockage électrochimique de lénergie，RS2E）、法国替代能源和原子能委员会（Commissariat à l'énergie atomique et aux énergies alternatives，CEA）以及法兰西学院（the Collège de France）合作开发了第一批 18650 圆柱形钠离子电池，成为室温钠离子电池商业化的开端。之后，国内外相继出现了多家研发钠离子电池的公司，如英国的 Faradion Limited、法国的 Tiamat 和我国的中科海钠科技有限责任公司（以下简称中科海钠）。

2021 年以来

我国钠离子电池开始迈入商业化阶段

2021 年 6 月，中科海钠推出了全球首套 1MWh 钠离子电池光储充智能微网系统，并在山西太原综改区成功投入运行。2021 年 7 月，宁德时代新能源科技股份有限公司（以下简称宁德时代）发布能量密度达到 160Wh/kg、15min 可充满 80% 的电量、−20℃可放出 90% 电量的钠离子电池。2022 年 7 月，中国长江三峡集团有限公司与中科海钠共同打造的全球首条吉瓦时钠离子电池生产线在安徽省阜阳市落成。2022 年 11 月，该生产线产品下线，标志着该生产线正式具备了规模化生产吉瓦时级钠离子电池的能力。

2024 年 5 月，在国家重点研发计划"百兆瓦时级钠离子电池储能技术"项目的支持下，全球首个 10MWh 钠离子电池电网侧储能电站在广西南宁正式投运，是我国钠离子电池技术首次实现规模化应用。项目使用的钠离子电池储能系统能量转化效率预计可达到 92% 以上，项目整体建成规模将达到百兆瓦时。

51　钠离子电池具有哪些特点？

钠离子电池相对锂离子电池具有如下优势：

钠资源丰富	钠离子电池使用的电极材料主要是钠盐，钠资源在地壳中的储量丰富（丰度为 2.75%），分布广泛，原材料供给充足。
电池成本低	钠矿成本（约 2000 元/t）低于锂矿，且钠与铝不易发生合金化反应，钠离子电池可选用成本较低的铝箔作为负极集流体，同时，钠离子相比于锂离子有更小的斯托克斯半径，同样浓度下钠盐电导率高于锂盐，钠离子电池可采用低浓度电解液，减少钠盐的用量。
安全性较好	钠离子电池内阻略高于锂离子，短路时瞬时发热量少，温升慢，热失控风险相对锂离子电池较低。
倍率性能较好	负极材料采用硬碳，具有开放式的三维结构，减少了钠离子在嵌入和脱出过程中的体积变化，提高了电池的结构稳定性；钠离子电池正极材料多采用层状过渡金属氧化物，有利于钠离子的快速嵌入和脱出。
高低温性能好	钠离子的去溶剂化能力强，嵌入脱嵌的活化障碍较低；钠离子电池电解液具有较高的低温电导率；钠离子电池的正负极材料具有较好的低温电化学活性。根据相关科研测试，钠离子电池高低温性能更优异，在 −40℃低温下可以放出 70% 以上容量，高温 80℃可以循环充放使用。

当前，钠离子电池也存在着不足之处：

能量密度低	目前主流钠离子电池的能量密度普遍在 100～200Wh/kg，磷酸铁锂电池的能量密度为 150～210Wh/kg，钠离子能量密度整体不及锂离子电池。
循环寿命短	目前磷酸铁锂电池的循环寿命已经达到了 6000～12000 次，而钠离子电池的循环寿命只能达到 3000～5000 次，无法匹配储能电站 10 年以上甚至 20 年以上的使用寿命要求。
产业链尚不成熟	当前钠离子电池技术体系及上下游产业链尚未成熟，合成工艺、电池设计及制造能力有待进一步提升。

52 钠离子电池正极材料有哪些?

与锂离子电池相似,钠离子电池正极材料需要有可变价的过渡金属离子,过渡金属的种类及结构直接影响氧化还原反应和可转移的电子数。由于钠离子比锂离子具有更大的离子半径,使得钠离子电池相比锂离子电池具有更迟缓的扩散动力学,不能直接把锂离子电池电极材料中的锂换成钠来制备钠离子电池正极材料,因此需要探寻合适的嵌钠正极材料。

钠离子电池正极材料目前已发展出了层状过渡金属氧化物(类似锂离子电池层状三元材料)、聚阴离子类化合物(类似磷酸铁锂)和普鲁士蓝类化合物(新路线)三条主要的技术路线。

层状过渡金属氧化物正极材料

钠离子电池层状过渡金属氧化物正极材料结构通式为 Na_xMO_2 [M 为过渡金属元素,包括锰(Mn),铁(Fe),铜(Cu),镍(Ni),钴(Co),钒(V),铬(Cr)等元素中的一种或几种]。层状结构主要由 MO_6 八面体组成共边的片层堆垛而成(如图 5-2 所示),钠离子位于层间,形成 MO_2 层/Na 层交替排布的层状结构。根据钠离子的配位类型和氧的堆垛方式不同,可以将层状过渡金属氧化物分为不同的结构,主要

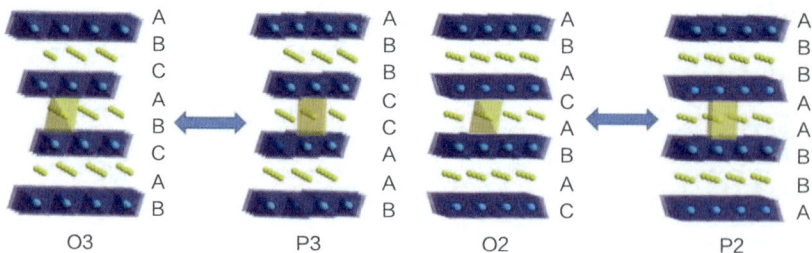

图 5-2　O3、P3、O2、P2 相过渡金属氧化物的晶体结构示意图

来源:方永进,陈重学,艾新平,等. 钠离子电池正极材料研究进展

包括 O3、P3、O2 和 P2 四种结构，其中，字母代表 Na 离子所处的配位多面体结构（O 表示八面体，P 表示三棱柱），数字代表氧的最少重复单元的堆垛层数。同时，由于钠离子半径较大，其在电化学反应过程中的迁移势必会造成氧层的滑移，并伴随一系列相变的发展，如 O3—P3 或 O2—P2 的相转变。

层状过渡金属氧化物正极具有较高的理论容量，制备工艺与锂离子电池三元正极材料的制备工艺类似，锂电设备复用率高，能够较快实现大规模生产。但在钠离子脱嵌过程中，容易导致结构坍塌和容量衰减，还需要通过结构修饰、化学成分替代等方式进行改性，以提高材料的稳定性。

聚阴离子类化合物正极材料

聚阴离子类化合物结构通式为 $Na_xM_y(XO_4)$ [X 可为硼（B）、磷（P）、硫（S）、硅（Si）等，M 为过渡金属]，是由具有一系列四面体阴离子基团 $(XO_4)^{n-}$ 及其衍生物 $(X_mO_{3m+1})^{n-}$ 组成的一类化合物。X 的氧多面体与过渡金属通过共用顶点的方式构成稳定的框架结构，钠离子储存在这些框架之中，其坚固的 3D 框架显著减少了钠离子脱嵌过程中的结构变化。

聚阴离子类化合物构成的钠离子电池电极结构稳定性高、循环寿命长，且热稳定性好、电压平台高。但大质量的阴离子基团导致理论容量密度较低、导电性差，通常通过减小晶体尺寸和包覆高导电材料提升其电化学性能。目前磷酸铁钠 $NaFePO_4$（结构如图 5-3 所示）的容量较大，但其具有电化学活性的橄榄石相只能在 480℃ 以下稳定存在，高于 480℃ 会转变成不具备电化学活性的磷铁钠矿相，故目前主要是通过电化学的方法将橄榄石相的磷酸铁锂脱锂嵌钠来制备橄榄石相的磷酸铁钠。

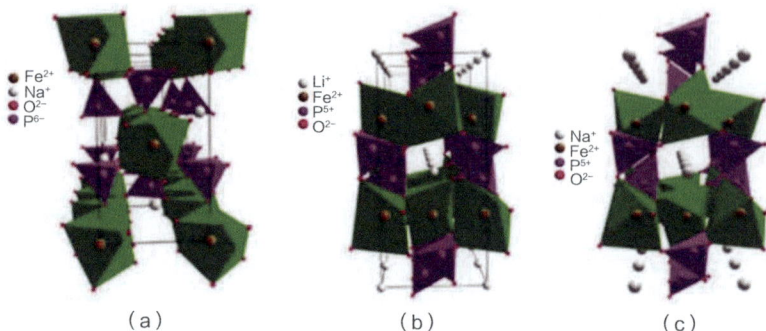

图 5-3　NaFePO₄ 的结构

（a）磷铁钠矿 NaFePO₄；（b）橄榄石 LiFePO₄；（c）橄榄石 NaFePO₄

来源：方永进，陈重学，艾新平，等．钠离子电池正极材料研究进展

普鲁士蓝类化合物正极材料

普鲁士蓝类化合物化学式为 $Na_{2-x}M[Fe(CN)_6]_{1-y}\square_y \cdot nH_2O$（$0<x<2$，$0<y<1$），其中 M 代表铁（Fe）、锰（Mn）、钴（Co）、镍（Ni）和铜（Cu）等过渡金属元素，$\square$ 是被水分子占据的多集中于 $[Fe(CN)_6]$ 的空位。其晶体结构多为面心立方体，具有开放的离子扩散通道和较大间隙空间，可实现钠离子的快速脱嵌而不发生晶格畸变，相关结构如图 5-4 所示。

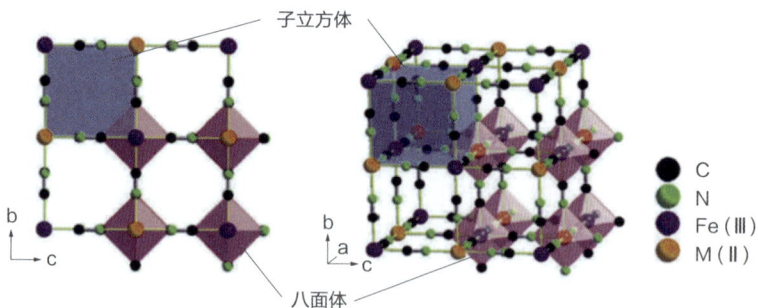

图 5-4　普鲁士蓝类化合物结构示意图

来源：Lu Y H, Wang L, Cheng J G. A new framework of electrode materials for sodium batteries

普鲁士蓝类化合物是一种配位化合物。当用普鲁士蓝类化合物作为

钠离子电池正极材料时，成本低于其他两条路线，且理论充放电比容量较高，可达到 170mAh/g。但由于其结构中的 $[Fe(CN)_6]^{4-}$ 空位易和晶格水分子形成化合物，结晶水难以除去，使得普鲁士蓝在实际应用中存在容量利用率低、效率不高、倍率较差和循环不稳定等问题，并且一旦结晶水进入有机电解液，将带来产气的风险。同时，普鲁士蓝类化合物工业化生产难度大，主要设备工艺与锂电三元正极前驱体类似，但是需要考虑含非氨类络合物的废水处理方式，建立新的废水处理装置。此外，其上游原材料中需要用到有毒的氰化钠，存在安全隐患，阻碍了该技术路线发展。

目前，钠离子电池正极材料体系尚未完全确定，国内宁德时代选择具有潜在商业化价值的正极材料包括普鲁士白（普鲁士白属于普鲁士蓝类化合物）和层状过渡金属氧化物两类材料；中科海钠的电池产品主要基于 O3 相多元复合钠层状正极材料进行开发，相关产品已经在低速电动车、电动船、家庭储能、电网储能等领域获得应用。三条钠离子正极材料技术路线各有优缺点，且性能均有待进一步提升，不同技术路线的钠离子电池还需经过市场的检验，以找到各自适合的应用场景，钠离子电池正极材料性能对比如表 5-1 所示。

表 5-1　钠离子电池正极材料性能

正极材料	层状过渡金属氧化物	聚阴离子类化合物	普鲁士蓝类化合物
优势	能量密度高，压实密度高	循环寿命长，电压高，结构稳定	成本低，倍率性能好
劣势	循环寿命中等，稳定性略差	能量密度低	能量密度低，循环寿命差
晶体结构	层状，类似于三元正极材料	橄榄石型结构	立方体结构
比容量（mAh/g）	100～180	100～110	70～160
循环寿命	3000～5000 次	6000 次以上	1000～2000 次
工作电压（V）	2.8～3.3	3.1～3.7	3.1～3.4
热稳定性	一般	好	差

53 钠离子电池负极材料有哪些?

理想的钠离子电池负极材料应当满足工作电压低、比容量高、结构稳定（体积形变小）、首周库仑效率高、压实密度高、电子和离子电导率高、空气稳定、成本低廉和安全无毒等要求。由于钠离子的半径为 0.102nm，大于锂离子的半径（0.069nm），致使钠离子在石墨层间的脱嵌过程极易破坏石墨的结构，且钠和石墨形成的插层化合物热力学不稳定，因此锂离子电池用石墨负极较难作为钠离子电池的负极材料。目前钠离子电池负极材料主要包括碳基、钛基、有机类和合金类负极材料等。

碳基负极材料

无定形碳因资源丰富、结构多样、综合性能优异、成本低、环境友好，被认为是最有应用前景的钠离子电池负极材料。无定形碳又可分为硬碳和软碳。

硬碳是目前钠离子电池负极材料的主流选择，具有高比容量和易合成的特点。硬碳有较大的层间距离和晶格缺陷，其在钠离子电池中表现出较高的可逆容量。然而用于生产硬碳的前驱体，如生物质、树脂、有机聚合物等，通常表现出较低的碳收率和较差的倍率性能，不利于发挥钠离子电池的低成本优势。

软碳多由沥青、焦炭等制得，和硬碳相比，其结晶度相对较高，缺陷较少，但是直接碳化的软碳材料在钠离子电池中表现出较低的可逆容量。

钛基负极材料

钛基材料具有层状的稳定结构，通常以插层的方式进行钠离子的存储，在充放电过程中具有高安全性。但其有限的插层容量和低的电导率降低了其比容量和倍率性能。

有机类负极材料

有机类负极材料主要包括羰基化合物、席夫碱化合物、有机自由基化合物和有机硫化物四种类型。其中，羰基化合物来源丰富，并且具有结构多样性和比容量高等优点。

与无机材料相比，有机材料制备方法简单、成本低，而且结构灵活性高，可通过调节活性基团数量实现多电子反应，从而实现对比容量和氧化还原电动势的调节。同时，独特的嵌入－脱出机制使其具有较快的钠离子迁移速率。

但大部分有机类负极材料的本征电子电导率低，需要在制备电极的过程中加入大量的导电炭黑，降低了电池体系的体积能量密度，同时加入的导电炭黑在低电压下会与电解液发生副反应，导致首周库仑效率降低。此外，许多有机类负极材料在有机电解液中溶解度较高，导致循环稳定性较差。

合金类负极材料

钠是一种活泼金属，可与许多金属［如锡（Sn）、锑（Sb）等］形成合金。合金类材料储钠比容量高，反应电动势相对低，但其反应动力学较差，且嵌钠和脱钠前后体积变化较大，导致材料在循环过程中发生粉化，材料之间及材料和集流体之间失去电接触后，比容量快速衰减，实际应用比较困难。因此，缓解钠嵌入－脱出过程中的体积变化问题是合金类负极材料大规模应用的关键。

54　钠离子电池的电解液由什么组成？

钠离子电池目前主要采用有机液体电解液，电解液主要由溶质（钠盐）、溶剂和添加剂组成，与锂离子电池电解液的主要区别是电解质由锂盐变成了钠盐。

溶质（钠盐）

拥有大半径阴离子，且阴阳离子间缔合作用弱的钠盐是较好的溶质选择，该特征能够保证钠盐在溶剂中较好地溶解，提供足够的离子电导率，从而获得较好的离子传输性能。常用的钠盐包含无机钠盐和有机钠盐两类，无机钠盐较常用，但存在氧化性较强和易分解等问题；有机钠盐热稳定性较好，但存在腐蚀集流体及成本相对较高等不足。

常见的无机钠盐主要包括六氟磷酸钠（$NaPF_6$）、高氯酸钠（$NaClO_4$）、四氟硼酸钠（$NaBF_4$）、六氟砷酸钠（$NaAsF_4$）。其中 $NaPF_6$ 的生产工艺、设备及成本和锂离子电池电解液中常用的六氟磷酸锂（$LiPF_6$）基本一致，技术门槛低、量产难度小。

有机钠盐，包括三氟甲基磺酸钠（$NaSO_3CF_3$，NaOTf）、双（氟磺酰）亚胺钠 {Na[(FSO)N]，NaFSI}、双（三氟甲基磺酰）亚胺钠 {Na[$(CF_3SO_2)_2$N]，NaTFSI} 等。

溶剂

钠离子电池可以使用与锂离子电池类似的碳酸酯类溶剂（碳酸乙烯酯、碳酸丙烯酯、碳酸二甲酯、碳酸二乙酯等），也可以使用醚类溶剂。

酯类对钠盐的溶解性较好，做电解液时可提供良好的离子传输能力，且结构较稳定、耐氧化、安全性高。但使用酯类作为溶剂时，负极表面生成的 SEI 膜较厚且不均匀，导致首次库仑效率较低、循环稳定性差等问题。

醚类比较活泼，抗氧化性差，容易生成过氧化物，因此醚类溶剂不常用作锂离子电池电解液的主要成分。但醚类溶剂与钠离子电池电极材料的电化学兼容性好，可促进钠离子在碳材料层间的插入，提升材料的比容量；可以在负极表面生成薄且致密的 SEI 膜，提高首次库仑效率和倍率性能，因此钠离子电池领域也使用醚类电解液。

添加剂

钠离子电池的添加剂和锂离子电池的添加剂类似，按照功能可分为成膜添加剂、阻燃添加剂、过充保护剂等，具体可详见本书第二章第17 问关于锂离子电池电解液的介绍。

此外，钠离子电池电解液还有水系电解液、离子液体电解液、固液复合电解质（凝胶聚合物电解质）和固体电解质等路线，目前尚处于研发阶段。

55 钠离子电池储能有哪些典型应用？

目前，钠离子电池较低的能量密度使其很难与锂离子电池竞争高中端乘用车、商用车市场，但有望在储能领域获得广泛应用，尤其在低温场景具有一定应用优势。

短期内，钠离子电池与锂离子电池两种电池可以按一定比例进行混搭，组成"异构"电池系统。"异构"电池系统可以利用钠离子电池低温性能好、快充性能好的特点，同时在一定程度上弥补钠离子电池功率密度短板。未来若钠离子电池循环寿命可以进一步提高，同时单位度电成本降低，则有望应用到各类储能中。

近年来，钠离子电池在储能领域逐渐开始试点示范，典型工程应用如下：

2019 年 3 月 29 日，由中科海钠生产、中国科学院物理研究所研发的钠离子电池储能系统项目，在江苏常州长三角物理研究中心成功投运（如图 5-5 所示）。该储能系统项目创新采用了 30kW/100kWh 的钠离子电池，是世界上首次将钠离子电池应用于储能。该储能系统可实现"谷电峰用"模式，既能节约用电成本，又能在电网停电时提供应急用电。

图 5-5　江苏溧阳 30kW/100kWh 钠离子电池储能系统

来源：北京中科海钠科技有限责任公司

2021 年 6 月 28 日，中科海钠联合华阳集团在山西太原综改区联合推出了全球首套 1MWh 钠离子电池储能系统，并成功投入运行（如图 5-6 所示）。该系统以钠离子电池为储能主体，结合市电、光伏和充电设施形成微网系统，可根据需求与公共电网智能互动。

图 5-6　山西转型综合改革示范区 1MWh 钠离子电池储能系统

来源：北京中科海钠科技有限责任公司

2024 年 6 月 30 日，大唐湖北 100MW/200MWh 钠离子新型储能电站科技创新示范项目一期工程建成投运（如图 5-7 所示），投产规模 50MW/100MWh，这是我国首个百兆瓦时钠离子储能项目。该电站一期工程储能系统由 42 套储能电池仓和 21 套升压变流一体机组成，系统效率可达 80% 以上，选用 185Ah 大容量钠离子电芯，配套建设一座 110kV 升压站。

图 5-7　大唐湖北 100MW/200MWh 钠离子新型储能电站科技创新示范项目

来源：中国大唐集团有限公司

2024 年 1 月，国家能源局公布了一批新型储能示范项目，其中钠离子电池储能入选 2 项，如表 5-2 所示。

表 5-2　国家能源局 2024 年新型储能试点示范项目（钠离子电池储能项目）

序号	项目名称
1	辽宁省昌图县 200MW/400MWh 钠离子电池储能示范项目
2	安徽省淮南市山南高新区水系钠离子电池储能示范项目

56　钠离子电池储能未来发展趋势如何？

钠离子电池储能具有钠资源丰富、成本低和分布广等优点，被视为锂离子电池储能的重要补充。当前，钠离子已进入产业化发展初期，产业链初步形成。未来，钠离子电池还需在材料研发、电池技术、产业链供应链、标准化引领、工程应用等方面持续发力，推动产业良性发展。

钠离子电池材料体系将进一步明确

当前钠离子电池材料体系尚未取得行业共识。层状氧化物、普鲁士蓝、聚阴离子等正极材料体系尚处在并行研发阶段。学术界、产业界将持续开展不同技术路线的研究和论证工作，进一步提高正负极材料体系的综合性能、优化生产制备工艺，推动钠离子电池材料体系取得行业共识。

钠离子电池参数指标将进一步提高

现有的钠离子电池体系能量密度相比于锂离子电池仍较低，单位能量密度下的非活性物质用量和成本较高，致使其成本优势无法完全发挥。未来，需要优化电池设计及生产制造工艺，降低非活性物质的用量，继续提高电池能量密度、循环寿命等关键性能。

钠离子电池产业链将进一步完善

虽然目前钠离子电池的大部分非活性物质（集流体、黏结剂、导电剂、隔膜、外壳等）可借鉴锂离子电池成熟的产业链，但正负极材料和电解液等核心活性材料的规模化供应依然不足，其来源稳定性无法保证，进而影响生产工艺过程和产品质量的稳定性。因此，未来还需加强钠离子电池产业链上中下游建设，提高产业链配套能力，发挥规模效应。

钠离子电池标准化水平将进一步提升

当前，钠离子电池的标准和规范体系尚不完善，影响钠离子电池制造工艺的规范化及产品质量的一致性，也会导致不同企业之间的产品难以标准化，不利于产品的市场推广和成本降低。未来，钠离子电池产业链上下游相关企事业单位需协同攻关，建立钠离子电池标准体系，引导行业健康有序发展。

钠离子电池储能试点示范将进一步扩大

当前，钠离子电池储能电站项目整体落地偏少，且规模有限，多数工程处在规划或建设期。未来钠离子电池储能将发挥其低温优势，通过大规模的工程实践来验证技术性能，寻找差异化应用场景。

第六章

金属空气电池等其他电化学储能

57 金属空气电池的工作原理是什么？

　　金属空气电池以活泼金属（如镁、铝、锌、铁等）为负极，配合具有催化活性的空气电极作为正极，空气中的氧气为正极活性物质，通过电解液传递离子，实现金属和氧气之间的氧化还原反应，存储和释放电能，其工作原理如图 6-1 所示。由于大多数金属在酸性电解液中会发生腐蚀或析氢现象，因此，电解液通常选择碱性、中性水溶液，或有机液体。

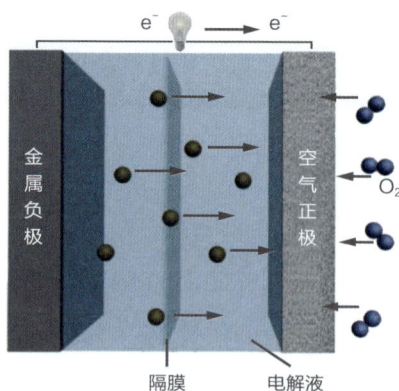

图 6-1　金属空气电池工作原理示意图

来源：陈祥，雷凯翔，孙洪明，等．尖晶石型氧化物催化剂与金属－空气电池

水系金属空气电池放电反应方程如下：

正极（阴极）：$O_2+2H_2O+4e^- \rightarrow 4OH^-$

负极（阳极）：$M \rightarrow M^{n+}+ne^-$

总反应：$4M+nO_2+2nH_2O \rightarrow 4M(OH)_n$

其中，M 为金属，n 为反应中的得失电子数。

空气电极（正极）是金属空气电池的核心组件之一，它包含扩散层、催化层和集流网等。其中，扩散层为透气疏水薄膜，需要保证气体扩散效果的同时，防止电解液的泄漏；催化层被电解液部分润湿，形成连续和不连续的气孔与液孔，产生大量的固－液－气三相界面，其中的催化剂可以促进氧气在三相界面发生还原反应，产生的电子通过集流网导出。正极氧气的还原反应速率是决定金属空气电池输出功率的主要因素，因此，开发低成本、高性能、长寿命空气电极对金属空气电池具有重要意义。

58　金属空气电池具有哪些特点？

金属空气电池具备能量密度大和低碳可持续等优点，是一种半储能半燃料式电池，是新一代的储能与转化装置，总体上处于研发阶段，该类技术具有以下优点：

理论能量密度高

金属空气电池的能量密度主要由负极决定，直接使用活性金属作为负极使其具有较高的理论能量密度，如锌－空气电池的理论能量密度达 1084Wh/kg，锂－空气电池的理论能量密度更是达到了 3458Wh/kg。

安全风险低

使用水系电解液的金属空气电池无燃烧爆炸的风险。

环保性能好

金属空气电池中没有使用铅、汞等有毒有害物质，且材料方便回收。

造价成本低

金属空气电池电极材料选择多样，且大多来源广泛、地壳丰度元素、价格低廉。

放电曲线平稳

因放电时正极催化剂不变化，加上金属电极电压稳定，放电时电压变化很小。

当前金属空气电池处于发展初期，仍面临如下挑战：

功率密度低

目前空气电极氧气的还原反应比较缓慢，限制了金属空气电池的比功率。

循环寿命短

非密封式结构使得金属空气电池容易受到水分、二氧化碳、粉尘等环境因素的影响，使用寿命较短。

难以"充电"

传统"机械再充电式"金属空气电池每次耗尽电量后需要更换电解液和金属；电化学可充的金属空气电池要实现充电，就要使金属氧化物还原为原始金属状态，这是一个在热力学上不利且动力学上复杂的过程，同时面临析氧、反应速率慢、金属枝晶等问题，具有较大的技术挑战。

总体来看，金属空气电池具有高能量密度等优势，但其发展仍面临多种关键技术瓶颈，尚未实现规模化应用。例如，锌－空气电池功率小、寿命短；镁－空气电池续航短；铝－空气电池放电过程析氢副反应严重，导致电解液短时间内沸腾，通常使用时长不超过15min；空气电极侧存在氧气获取速度慢、使用寿命短等不足，这些都在一定程度上限制了金属空气电池的应用和推广。

59　金属空气电池有哪些技术路线？

按照负极金属材料的种类进行划分，金属空气电池可以分为锌－空气电池、铝－空气电池、锂－空气电池、钠－空气电池、钾－空气电池、镁－空气电池、铁－空气电池等。常见金属空气电池性能如表6-1所示。

表 6-1　常见金属空气电池性能

电池类型	放电产物	理论能量密度（Wh/kg）	工作电压（V）	可逆性	总反应
锂－空气电池	Li_2O_2	3458	2.96	可逆	$2Li+O_2 \rightarrow Li_2O_2$
钠－空气电池	Na_2O_2	1605	2.33	可逆	$2Na+O_2 \rightarrow Na_2O_2$
	NaO_2	1108	2.27		$Na+O_2 \rightarrow NaO_2$
钾－空气电池	KO_2	935	2.48	可逆	$K+O_2 \rightarrow KO_2$
铁－空气电池	$Fe(OH)_2$	764	1~1.28	可逆	$2Fe+O_2+2H_2O \rightarrow 2Fe(OH)_2$
镁－空气电池	$Mg(OH)_2$	3910	3.10	不可逆	$2Mg+O_2+2H_2O \rightarrow 2Mg(OH)_2$
锌－空气电池	ZnO	1084	1.65	不可逆	$Zn+O_2 \rightarrow 2ZnO$
铝－空气电池	$Al(OH)_3$	2800	1.20~1.60	不可逆	$4Al+3O_2+6H_2O \rightarrow 4Al(OH)_3$

来源：王焕锋．金属空气电池双功能正极催化剂的制备及电化学性能研究

按照电池所使用的电解液种类进行划分，金属空气电池可分为水系电池和非水系电池，其中非水系电池中又包含了有机电解液、熔融盐电解质、固态电解质以及混合电解质的电池。锌、铝、镁负极材料在水系电解液下稳定性较好，多采用水系电解液；锂、钠、钾、铁等负极材料在水系电解液下不稳定，多用有机溶剂或熔融盐作为电解质。

当前，技术相对成熟的金属空气电池主要有锌－空气电池、锂－空气电池、铁－空气电池。

▶ **锌－空气电池**

锌－空气电池采用成本低、环境友好的锌作为负极，用氢氧化钠或氢氧化钾等溶液为电解液，理论能量密度可达 1084Wh/kg。当前，由于氧析出反应动力学迟滞、电极反应不完全、副反应、电解液管理、电极设计与制造工艺等因素影响，实际能量密度为 180~230Wh/kg。

锌-空气电池的研发始于 1800 年，第一个电池——即 1800 年意大利物理学家 Volta 发明的伏打电堆（Voltaic piles）就采用金属锌作为负极材料。1967 年，美国国家航空航天局（NASA）开始研究锌-空气电池，用于航天器和太空探索。1972 年，美国 Eveready Battery Company 推出了第一款商业化的锌-空气电池。20 世纪 90 年代，科学家们开始改进锌-空气电池的设计和性能，以提高其能量密度、循环寿命和稳定性。21 世纪以来，锌-空气电池开始在一些特定领域得到商业应用，如便携式电子设备和医疗器械等。

2011 年，我国首个锌-空气电动公交车正式下线，该类型纯电动城市公交车续驶里程达 300km，最高时速可达 80km/h。美国企业 Eos Energy Storage 与 EnerSmart Storage 在 2021 年签署 2000 万美元订单，在加利福尼亚州建设 10 个锌-空气电池储电项目，每个项目 3MW，可为 2000 户家庭供能。

目前，锌-空气电池存在的问题主要有：

1. 锌电极在碱性环境中放电时，不仅进行主放电反应，还会发生一定程度的析氢腐蚀，这种副反应会消耗部分能量并可能导致锌电极结构的不稳定。

2. 放电反应产物或碱性电解液与空气中的二氧化碳接触，会产生碳酸盐。当碳酸盐溶液饱和时会在空气电极表面析出，堵塞空气电极。

3. 过高或过低的环境湿度均对空气电极性能产生负面影响，可能导致电解液结晶析出或电解液密封失效，引发泄漏问题。

4. 现有空气电极的催化活性相对较低，限制了电池的输出功率和能量转换效率。

此外，锌-空气电池的"充电"过程，即锌电极的再生，通常涉及繁琐的金属电极更换操作。当电池规模增大，频繁的电极替换工作也将急剧增加。为实现电化学可充式锌－空气电池，科研人员提出采用锌电极与第三电极配合、混合氧电极技术以及双功能电极设计等创新方案。然而，在实际充放电循环中，锌参与的多种电化学反应相互交织且耦合紧密，加大了对锌－空气电池系统进行有效调控的复杂性。同时，锌枝晶生长、锌电极形态变化等关键问题仍未得到充分解决，阻碍了电池的整体性能提升与广泛应用。

　　未来，通过不断攻克锌负极溶解和析出、充放电效率、循环寿命和安全性等方面的挑战，锌－空气电池有望在电动车辆和储能系统等领域实现更广泛的商业化应用。

▶ **锂－空气电池**

　　锂－空气电池以金属锂为负极、空气电极为正极，并有有机、有机－水和固态等多种电解质体系，因其超高的理论能量密度被寄予厚望，其工作原理如图 6-2 所示。

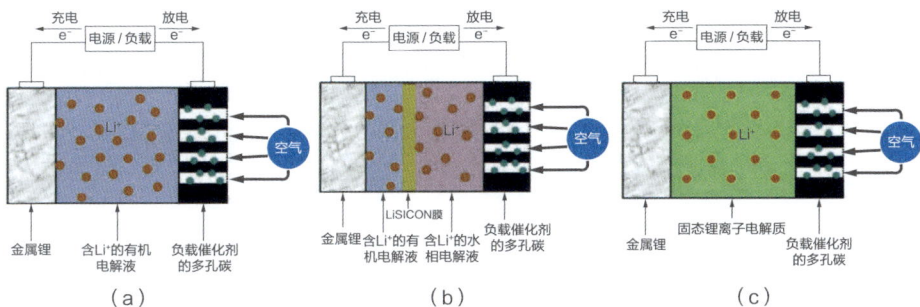

图6-2　三种电解质体系的锂－空气电池
（a）有机电解液体系；（b）有机－水双电解液体系；（c）固态电解质体系
来源：蒋頡，刘晓飞，赵世勇，等.基于有机电解液的锂空气电池研究进展

　　锂金属在室温下会与水发生反应，因此锂－空气电池通常使用有机电解液、有机－水双电解液或固态电解质，在充放电过程中，锂离子在

电解质中移动。使用非水电解质的锂－空气电池放电反应原理如下：

负极：$Li \rightarrow Li^+ + e^-$

正极：$2Li^+ + O_2 + 2e^- \rightarrow Li_2O_2$ 或 $4Li^+ + O_2 + 4e^- \rightarrow 2Li_2O$

总反应：$2Li + O_2 \rightarrow Li_2O_2$ 或 $4Li + O_2 \rightarrow 2Li_2O$

在有机体系中，空气电极反应产物 Li_2O_2、Li_2O 存在堵塞空气电极的问题。若使用水体系，则在空气电极一侧可以生成溶于水的 LiOH。水体系下，可以通过在锂负极表面覆盖对水稳定的离子导通膜，实现水相电解液在锂－空气电池中的应用，或者采用双电解质体系，锂电极一侧采用有机电解液，空气电极一侧采用水系电解液，中间使用锂离子导通膜隔开，在一定程度上解决空气电极产物堆积的问题。

锂－空气电池的研究最早可以追溯至 1976 年，由 Littauer 和 Tsai 首次提出，1996 年，Abraham 等人报道了第一个可充电的锂－空气电池。2007 年起，相关研究热度提升。2024 年 1 月，美国阿尔贡国家实验室等机构通过提升锂－空气电池容量、提高其耐用性，并已实现 1000 次充放电，预计将于 2030 年后投入使用。

锂－空气电池具有超高理论能量密度（3458Wh/kg）的突出优势，但非水电解质的使用，使得锂－空气电池丧失了安全性优势，其安全运行面临的挑战比基于"摇椅原理"的锂离子电池更为严峻。采用固态电解质可以在一定程度上提高锂－空气电池的安全性，但是电解质与电极接触不紧密、离子传导速度慢等问题均有待进一步解决。

▶ 铁－空气电池

铁－空气电池与锌－空气电池、铝－空气电池反应原理类似，通常使用碱性电解液。放电时，电池从空气中吸入氧气，并将铁金属转换为"铁锈"；充电时，施加电流将"铁锈"转换回铁，并产生氧气。铁－空气电池理论能量密度为 764Wh/kg，略低于锌－空气电池、显著低于铝－空气电池。

铁－空气电池的研发始于 20 世纪。1968 年，美国 NASA 最早实现了铁－空气电池方案；1977 年，瑞典国家开发公司（Swedish National Development Corporation）生产出 30kWh 铁－空气电池用于动力牵引，能量密度为 80Wh/kg；1984 年，电化学可充的铁－空气电池问世；20 世纪 90 年代至 21 世纪初，铁－空气电池因锂离子电池的快速崛起而发展缓慢。近些年，纳米技术的进步使得铁－空气电池的功率和能量密度均有所提高，使其应用于汽车成为可能，同时铁－空气电池潜力较大，其低廉的材料和制作成本使其在大规模电力储能应用中被寄予厚望。

目前国内针对铁－空气电池的研究成果还较少，但国外已经开始建设铁－空气储能电站试点项目。美国 Form Energy 公司致力于铁－空气电池的产业化，宣称其生产的铁－空气电池储能系统放电长达 100h，且储能成本不到锂离子电池的 1/10。2023 年 1 月，该公司与 Xcel Energy 公司签署了两个 10MW/1000MWh 的储能系统，拟安装在燃煤电厂；2023 年 6 月，Form Energy 公司宣布与 Southern Company 的子公司 Georgia Power 公司达成协议，计划在佐治亚州部署一个 15MW/1500MWh 的铁空气电池储能系统，预计 2026 年投入运行。图 6-3 为其铁－空气电池储能电站示意图。

图 6-3　铁－空气电池储能电站示意图
来源：Form Energy 公司官网

60 什么是钠硫电池？

钠硫电池是一种以金属钠为负极，硫为正极，β″－氧化铝管为固体电解质和隔膜的高温熔融电池。在300℃高温下，钠离子透过电解质和隔膜与硫发生可逆反应，实现能量的释放与储存。放电时，钠在陶瓷管界面氧化成钠离子，迁移并通过该陶瓷电解质与硫发生反应形成多硫化钠；充电时，多硫化钠分解，钠离子迁移回负极室形成金属钠，硫氧化成单质保留在正极室，其工作原理如图6-4所示。

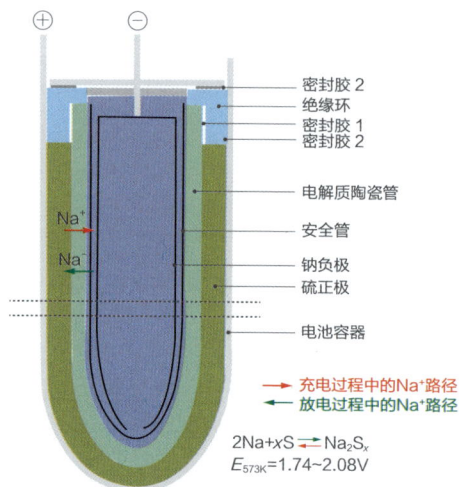

密封胶2
绝缘环
密封胶1
密封胶2
电解质陶瓷管
安全管
钠负极
硫正极
电池容器

→ 充电过程中的Na⁺路径
→ 放电过程中的Na⁺路径

$2Na+xS \rightleftharpoons Na_2S_x$
$E_{573K}=1.74\sim2.08V$

图6-4 钠硫电池结构和工作原理图
来源：胡英瑛，吴相伟，温兆银．储能钠硫电池的工程化研究进展与展望

高温钠硫电池电能转换效率较高（75%～90%），理论能量密度高达760Wh/kg，实际可达到的能量密度为150～300Wh/kg，储能时长较长，持续放电时间可超过6h，且钠硫电池没有副反应发生，使用寿命可达10～15年。但钠硫电池一般需要300℃以上的运行温度条件，使其工作时需要持续加热保温，运维难度大；且液态的钠和硫直接接触将发生剧烈放热反应，存在安全隐患；同时，使用的电极材料金属钠活泼

性高，遇水发生剧烈反应。

钠硫电池在 19 世纪 60 年代由美国福特公司首先开发，随后美国 NASA 实验室对其进行了系统研究。1966 年，福特公司公开了高温钠硫电池的技术细节，其后包括 GE 公司在内的众多机构很快加入研究。19 世纪 80～90 年代，在 NASA 的支持下，钠硫电池开始在航空航天领域开展应用研究。1983 年，日本碍子株式会社（NGK insulators, Ltd.）和东京电力公司开始合作开发钠硫电池储能系统，该系统于 2002 年投入商业运行。

国内，中国科学院上海硅酸盐研究所于 2006 年与国网上海市电力公司合作，开发出 650Ah 大容量钠硫储能电池，建成了 2MW 大容量钠硫单体电池中试生产示范线。该产线于 2010 年上海世博会期间启动运行，生产的 100kW/800kWh 钠硫电池储能系统纳入上海世博园智能电网综合示范工程。

高温钠硫电池以其资源丰富、放电时间长、环境适应性好等特点在储能市场上已有一些试点应用。然而，钠硫电池高温工作条件带来的系统故障风险、化学反应特性造成的热失控风险，以及陶瓷隔膜脆弱性带来的材料泄漏风险在一定程度上制约了它的应用。未来的发展将聚焦于材料与设计创新、智能监控与管理系统的升级、标准化与法规制定，以及废旧电池的妥善处置等方面。

61　什么是液态金属电池？

液态金属电池（liquid metal battery，LMB）采用液态金属和熔融无机盐分别作为电极和电解质。液态金属电池是一种高温二次电池，通常工作温度在 300～700℃，使电极和电解质维持在熔融态。电池的负极通常采用低电负性、低密度的碱金属或碱土金属［锂（Li）、钠（Na）、镁（Mg）、钙（Ca）、钾（K）等］，正极采用较高电负性、较高密度的金属或者类金属［铋（Bi）、锑（Sb）、锡（Sn）、碲（Te）、铅（Pb）等］，电解质则采用低成本、高电导率、高安全性、密度介于正负极之间的二元或多元熔融卤素无机盐。由于正负极金属与熔盐电解质的密度差异较大，且金属与熔盐互不混溶，电池材料自发形成 3 层液态结构。

电池放电过程中，上层的负极金属 A 失去电子，被氧化成 A^{z+}（z 为转移电子数）进入电解质中，A^{z+} 经由电解质迁移至正极，进一步与从外电路传导至正极的电子结合，并与正极 B 发生合金化反应，形成 A-B 合金；充电过程则与之相反，其工作原理如图 6-5 所示。

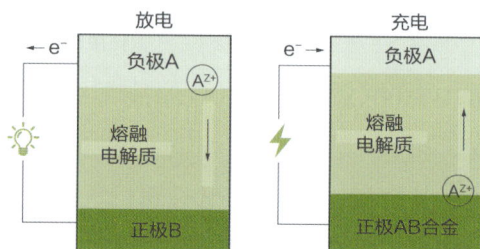

图 6-5　液态金属电池的结构及其充放电过程示意图
来源：李泽航，周浩，李浩秒，等.面向电力系统的液态金属电池储能技术

由于液态金属电池液－液界面的构建，且熔盐电解质具有较高离子电导率，电池具有优良的动力学特性，保证了电池大电流充放电能力；液态电极无结构形变，电池储能寿命长；全液态 3 层自组装结构设计使得电池易于放大和装配生产。另外，电池采用不可燃且热容量高的无机熔盐作为电解质，可有效避免电池内部的热失控和安全问题，为电池的长期安全服役提供保障。

液态金属电池存在很多技术体系，国内外针对锂、钠、镁、钙等碱金属或碱土金属负极的液态金属电池体系取得了一定的研究成果。在液态金属电池工作温度范围内，其能量密度和材料成本已经满足产业化初期的基本要求。部分高温液态金属电池已初步实现商业化，新兴的中低温/室温液态金属电池尚处于研究初始阶段，仍面临着循环稳定性、经济性等多方面挑战。

在液态金属电池产业化方面，美国 Ambri 公司是最早布局液态金属电池的公司，据称其液态金属电池专利技术可以使电池续航系统持续 4～24h，但该公司已于 2024 年 5 月申请破产。国内，液态金属电池尚在产业化初期，已作为新一代高性能储能技术纳入集中攻关的储能技术系列，成立于 2023 年的武汉吉兆储能科技有限公司致力于液态金属电池储能产业化，据悉该公司已建成液态金属电池装配与测试平台，完成了液态金属电池的设计与开发，并计划在示范项目中落地应用。

总体来看，液态金属电池还需在密封、防腐蚀、单体电池容量放大、电池管理和热管理等方面进行深入研究。一方面，在高运行温度下，高反应活性液态金属电极具有一定的腐蚀性，同时，电池必须保持高度密封，防止水分和氧气渗透进入电池内部，因此电池结构材料（集流体、密封件、容器等）需要具备一定的热稳定性、耐腐蚀性、气密性、热机械性能。另一方面，液态金属电池具有低电压、大电流和宽电压平台等特点，并且处于高温密封运行环境，现有锂离子电池的商业化电池管理系统无法直接适用于液态金属电池，需要开发高效管理技术，以推动液态金属电池储能大规模应用。

62 什么是多电子二次电池?

多电子二次电池是指储能机理与锂离子电池基本类似，但参与反应的活性金属离子具有多价态，因此在充放电过程中可以发生多电子转移的一类电池，常见类型如锌离子电池、镁离子电池、钙离子电池和铝离子电池等。多电子二次电池的电化学原理与碱金属离子电池相似，属于"摇椅电池"，充放电过程均涉及离子的可逆嵌入和脱出。

相比于金属锂（Li），多价金属元素［锌（Zn）、镁（Mg）、钙（Ca）、铝（Al）等］在地球上的储量丰富，具有明显的成本优势。同时，多价金属作为电荷载体可以携带更多的电荷，理论能量密度更高，具有满足大规模储能需求的潜力。

多电子二次电池的反应原理虽然为其带来更高的理论能量密度，也使其材料在充放电过程中破坏程度更高，导致实际能量密度与理论值相差较远，同时反应可逆度降低，使其循环性能不佳。当前，多电子二次电池尚处于实验室研究阶段，未来仍需对于新型正负极材料进行不断探索和研发。

63　什么是水系电池？

水系电池是指以水（或水性溶液）作为电解液的电池，包含铅酸电池、液流电池（如全钒液流电池、全铁液流电池）等采用酸、碱、盐水溶液的传统水系电解液电池，也包含新一代水系锂离子电池、钠离子电池等，这里指后者。水系电池普遍具有高安全、低成本、低毒害等优点，已成为近期研究的热点之一。

相较于有机电解液电池，水系电池的溶剂是水，廉价易得，电解液具有离子导电率高、环境友好等优点。此外，水溶液有很高的比热容，可以吸收大量的热量，冷却效果显著，安全性高。

水系电池也存在窗口电压窄、电极容易发生副反应等缺点。水系电解液较窄的电化学窗口使水系电池的输出电压偏低，限制了能量密度；电池结构的不稳定性影响了电池的循环性能；电极发生副反应将导致电极材料难以充分利用，电池容量相对减少；水分解改变电解液的 pH 值，导致水系电池的循环稳定性差；水系电解液在寒冷条件下结冰，限制了其在低温条件下的应用等。

　　为了攻克这些瓶颈，需要从抑制析氢析氧反应、调节 pH 值、开发电解液添加剂和实施电极材料包覆等方法提升电池的稳定性和电化学性能。近年来研究者们开发出了水系混合金属电池、单金属电池（钠、锂、锌电池等），并对相关正负极材料、电解液、储能机制进行了大量研究。未来，通过提升电池能量密度、改善自放电问题、扩宽工作温度范围后，水系电池将具有更大的应用前景。

第七章

氢储能

64   什么是氢储能?

氢能被国际社会誉为 21 世纪最具发展潜力的清洁能源，美国、日本等发达国家纷纷将氢能上升为国家战略。我国在已发布的《中华人民共和国能源法》（自 2025 年 1 月 1 日起实施）中明确了氢能的能源属性，为氢能产业发展提供了更为广阔的空间和更加明确的法律保障。2022 年 3 月，我国印发《氢能产业发展中长期规划（2021—2035 年）》，首次从国家层面为氢能产业打造顶层设计，明确氢能战略定位和发展目标，并将氢储能作为重要应用场景，探索培育"风光发电 + 氢储能"一体化应用新模式，逐步形成抽水蓄能、电化学储能、氢储能等多种储能技术相互融合的电力系统储能体系。

氢储能是以氢能为核心能源载体，利用电力和氢能的互变性，基于电解水制氢、氢储运及氢能多元应用技术发展起来的一种新型储能技术。利用氢能的高载能属性，通过发挥其大规模、长周期存储，应用灵活等优势，可助力新型电力系统建设，并实现跨领域融合发展。

从概念上讲，氢储能有广义和狭义之分。

狭义的氢储能（如图 7-1 所示）基于"电—氢—电"（power-to-power，P2P）的转换过程，利用富余的新能源电能进行电解水制氢并存储，在用电高峰期时，储存起来的氢能可利用燃料电池或氢燃机进行发电以及

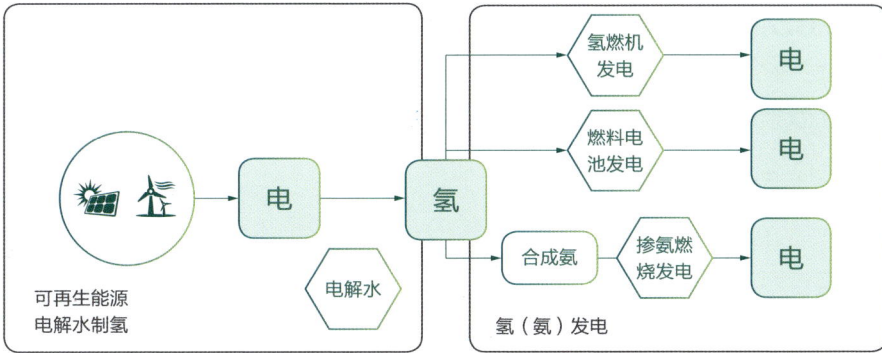

图 7-1 狭义氢储能场景示意图

热电联供。氢储能有望为新能源间歇性、波动性带来的供需时空交错等问题提供解决方案。此外，采用氢燃气轮机发电还可一定程度上缓解高比例电力电子装置带来的电网稳定运行问题。

广义的氢储能（如图 7-2 所示）则强调"电—氢"单向转换（power-to-X，P2X），将电能转化为氢进行存储，或者转化为氨、甲醇等化学衍生物进行更经济、便捷地储存和运输，可在下游灵活用于发电、化工、交通、建筑等多个领域。

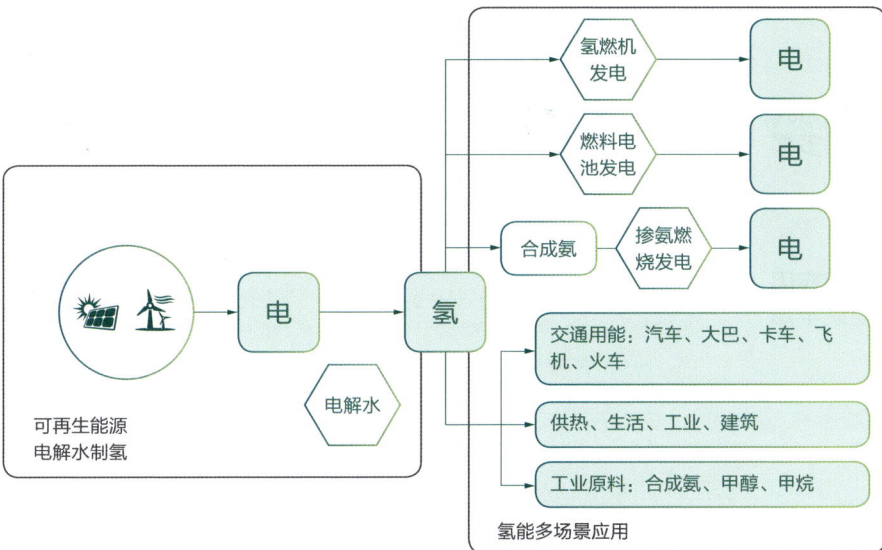

图 7-2 广义氢储能场景示意图

65 氢储能具有哪些特点?

氢能是一种来源丰富、绿色低碳、应用广泛的二次能源,作为一种储能手段,具有以下特点:

大容量长周期存储	以风电、光伏发电为代表的新能源存在着长周期、季节性的发电能力波动,而锂离子电池等电化学储能难以经济、安全地实现大容量、长周期电能存储。氢储能在放电时间(小时至季度)和容量规模(百吉瓦级别)上的优势明显,有望缓解新能源发电与电力需求难以有效匹配的问题,支撑新能源平稳、可持续、大规模开发运用,促进异质能源跨地域和跨季节优化配置,从而实现大规模、跨区域电力调峰。
质量能量密度突出	氢质量能量密度(143MJ/kg,可折算为40kWh/kg)大,单位质量热值大约为汽油、柴油、天然气的2.7倍,电化学储能(根据种类不同,在100~240Wh/kg之间)的百倍。
存储方式灵活多样	氢可以多种形态进行储存,如高压压缩气体、低温液化、固体储氢、转化为液体燃料等,存储和运输方式可根据用氢需求灵活选择,也可与天然气混合储存在天然气基础设施中,充分利用现有基础设施,节约存储成本。
运输方式灵活多样	氢能在空间上的转移也更为灵活。氢气的运输不受输配电网络的限制,可实现能量跨区域、长距离、不定向的转移。可采用长管拖车、管道输氢、天然气掺氢、液氨等储运方式。
下游应用场景丰富	氢能可根据不同领域的需求灵活转换为电能、热能、化学能等,实现不同品位能量的梯级利用,提高能量的转化效率。可服务于电力,应用于新型电力系统"源网荷"的各个环节,也可为交通、建筑、工业等终端部门提供绿色原料或燃料,替代煤炭、石油、天然气等化石能源的使用,还可转化为氨、甲醇等化学衍生物进行更安全地储存或利用。

当前,我国氢储能产业仍处于发展初期,尚存在初始投资成本较高、转化效率偏低、规模化储运难度大、安全性风险突出等挑战。

66　氢储能关键技术有哪些？

在氢储能的全链条能量转化过程中，涉及的关键技术包括电解水制氢技术、氢储运技术与氢发电技术等。

▶ 电解水制氢技术

利用风电、光伏等新能源电力进行电解水制氢是一种清洁的制氢方式，技术工艺过程简单、产品纯度高，其基本原理如图 7-3 所示。根据技术路线的不同，可将电解水制氢技术分为碱性电解水（alkaline water electrolysis，AWE）制氢、质子交换膜（proton exchange membrane，PEM）电解水制氢、阴离子交换膜（anion exchange membrane，AEM）电解水制氢和固体氧化物电解水（solid oxide electrolysis cell，SOEC）制氢 4 类。总体来看，全球在运电解水制氢项目已形成了以 AWE（占比约为 65%）为主，PEM（占比约为 32%）为辅的格局，AEM、SOEC 等制氢技术还处于基础研发或试点示范阶段。

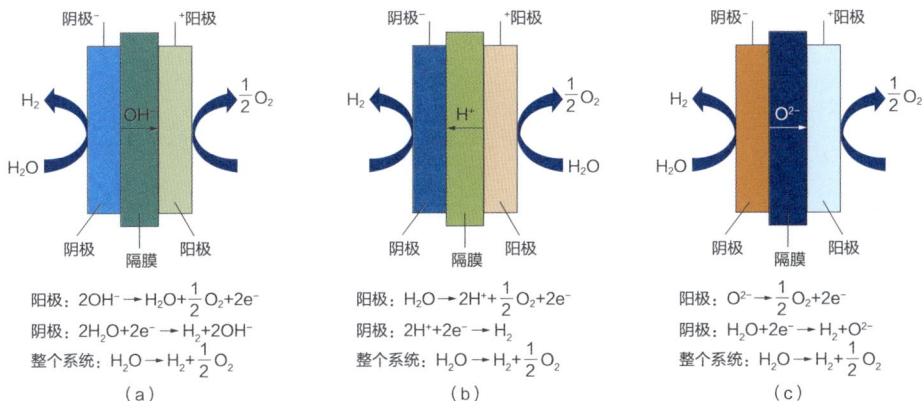

（a）

阳极：$2OH^- \rightarrow H_2O + \frac{1}{2}O_2 + 2e^-$
阴极：$2H_2O + 2e^- \rightarrow H_2 + 2OH^-$
整个系统：$H_2O \rightarrow H_2 + \frac{1}{2}O_2$

（b）

阳极：$H_2O \rightarrow 2H^+ + \frac{1}{2}O_2 + 2e^-$
阴极：$2H^+ + 2e^- \rightarrow H_2$
整个系统：$H_2O \rightarrow H_2 + \frac{1}{2}O_2$

（c）

阳极：$O^{2-} \rightarrow \frac{1}{2}O_2 + 2e^-$
阴极：$H_2O + 2e^- \rightarrow H_2 + O^{2-}$
整个系统：$H_2O \rightarrow H_2 + \frac{1}{2}O_2$

图 7-3　电解水制氢技术的基本原理

（a）AWE/AEM 电解水制氢；（b）PEM 电解水制氢；（c）SOEC 电解水制氢
来源：陈颖．电解水制氢技术的研究现状及未来发展趋势

AWE 技术相对成熟，成本较低，市场占有率高，单台设备制氢能力不断增强，目前最高容量可达 5000Nm³/h，但存在工作电流密度较小、设备体积大、运维成本高等问题。AWE 制氢用电解槽包括数十至上百个电解小室，由螺杆和端板把这些电解小室压在一起，每个电解小室包括双极板、电极、隔膜、电解液密封垫圈等部分。目前电极主要采用镍基材料，隔膜由多孔材料制成，电解液为 20%～40% 的氢氧化钠或氢氧化钾水溶液。

PEM 技术近年来产业化发展迅速，电流密度高、运行灵活、利于快速变载，采用了质子交换膜替代多孔隔膜，传导质子，并分隔两侧气体，且电解槽采用零间隙结构的膜电极，结构紧凑、体积小。PEM 单堆功率已达兆瓦级，由于采用高价格的质子交换膜和贵金属催化剂，成本相对较高。未来，其发展重点在于开发高性能纳米级催化剂，低贵金属担载量、高耐久的膜电极组件，整合相关产业链，进一步降低装置成本，提高市场竞争力。

AEM 技术基于 AWE 和 PEM 技术发展而来，电解质采用低浓度碱液或纯水，可采用低成本非贵金属催化剂；隔膜为阴离子交换膜，具有类于 PEM 的良好动态响应特性，可在压差下运行。因此 AEM 兼具 AWE 低成本及 PEM 简单高效的双重优势，但化学、机械稳定性的问题需进一步研究，整体仍处于研发阶段。

SOEC 技术具有能量转换效率高且不需要使用贵金属催化剂等优点，但运行温度为 500～1000℃，对高温材料要求高，尚未实现兆瓦级装备开发。SOEC 技术电解电压可低至 1.3V，电耗较低，但是高温水蒸气需要额外能耗，因此在核电制氢等特殊场景下具备更强的经济性优势。

各类电解水制氢技术特性指标对比表如表 7-1 所示。

表 7-1 电解水制氢技术特征指标对比表

制氢技术	AWE	PEM	AEM	SOEC
电解质	30% 碱液	纯水	纯水 / 低浓度碱液	纯水
隔膜	PPS 隔膜或复合隔膜	质子交换膜	阴离子交换膜	固体氧化物
电流密度（A/cm^2）	< 0.8	0.1~2.2	0.5~1	≤ 1
电耗 *（kWh/m^3）	4.5~5.5	3.4~4.4	4.3~5	3.0~4.0
电解效率（%）	56~80	75~85	60~78	75~100
工作温度（℃）	70~90	50~80	≤ 60	500~1000
产氢纯度（%）	≥ 99.8	≥ 99.99	≥ 99.99	≥ 99.9
响应速度	数十秒级	秒级	秒级	分钟级
调节范围（%）	20~120	5~150	10~120	−100~100（可逆）
操作特征	需控制压差	快速启停	快速启停	启停不便

* 电耗为每生产 $1m^3$（标准状态）氢气所耗电量。

▶ **氢储运技术**

　　氢储运是链接氢从生产到利用的关键环节。与其他燃料相比，氢能质量能量密度大，但体积能量密度低，因此开发高安全、大容量、低成本、灵活方便的氢储运技术成为氢储能高效应用的关键。

　　目前，氢的储运技术可以分为高压气态储运氢、低温液态储运氢、固态储运氢和有机液体及氨储运氢等，相关技术特征对比如表 7-2 所示。另外还有一些新兴的储氢方式，如地下存储。

表 7-2　氢储运技术特征对比表

储运氢技术	运输设备	单车运输量（kg）	运输温度（℃）	压力（MPa）	储运能效（%）	适用距离（km）
高压气态储运氢	长管拖车	300~400	常温	20~50	>90	<300
管道气态储运氢	管道	—	常温	1~4	约95	>500
低温液态储运氢	槽车/驳船	>7000	−253	0.13	约75	>200
固态储运氢	货车	300~400	常温	0.4~10	约85	<150
有机液体储运氢	罐车	2000	常温	常压	约85	>300
液氨储运氢	槽车	约5290	−33.35	≥1	—	>300

来源：王士博，孔令国，蔡国伟，等.电力系统氢储能关键应用技术现状、挑战及展望

高压气态储运氢

该技术利用高压直接将氢气压缩到耐高压的容器里进行存储和运输，技术要求较低，充氢放氢速度快，设备结构相对简单，使用温度范围广，是当前主要的储运氢方式。但高压气态储氢体积比容量小，且频繁充放易导致高压氢脆，存有泄漏、爆炸等潜在安全隐患。

高压气态储氢设备包括固定式储氢高压容器和高压氢气瓶，高压氢运输设备包括道路输氢设备和氢气管道等。

固定式储氢高压容器主要用于加氢站、氢储能、应急电站等，在加氢站中应用最为广泛。根据结构特点，我国固定式储氢高压容器主要包括单层钢质储氢高压容器和多层钢质储氢高压容器。

高压氢气瓶主要用于氢能交通运载，如氢燃料电池乘用车、物流车、大巴车、叉车、重卡、轮船、无人机等。氢燃料电池叉车主要采用钢质高压氢气瓶，其余则采用铝内胆碳纤维全缠绕氢气瓶（以下简称"Ⅲ型瓶"）和塑料内胆碳纤维全缠绕氢气瓶（以下简称"Ⅳ型瓶"）。目前，我国公称工作压力为 35MPa 和 70MPa 的 Ⅲ 型瓶已实现自主设计制造和批量生产，质量储氢密度 3.8%~4.5%。Ⅳ型瓶在国外的研发和应用较早，美国 Hexagon、日本 Toyota、韩国 ILJIN 等都已研发出了

70MPa 的 IV 型瓶产品，质量储氢密度已达 5.7%。四种储氢瓶性能对比如表 7-3 所示。

表 7-3　储氢瓶组类别对比表

类型	I 型瓶	II 型瓶	III 型瓶	IV 型瓶
材质	铬钼钢	钢制内胆 碳纤维环向缠绕	铝内胆 碳纤维全缠绕	塑料内胆 碳纤维全缠绕
工作压力（MPa）	17.5～20	26.3～30	30～70	30～70
质量储氢密度（%）	约 1	约 1.5	2.4～4.5	2.5～5.7
使用寿命（年）	15	15	15～20	15～20
应用情况	加氢站等固定式储氢应用		国内车载	国际车载

来源：中国氢能联盟．中国氢能源及燃料电池产业白皮书（2019 版）

道路输氢设备通过公路、铁路等输送、分配氢气，公路运输适用于距离短、氢气使用量较少的场合，主要包括长管拖车和管束式集装箱。该类设备的公称工作压力通常为 20～30MPa，容积一般不大于 3000 L，单车运氢量不超过 500kg，运输效率低、成本高。

氢气管道分为工业管道、长输管道、公用管道和专用管道。氢气管道具有种类多、管径和压力范围大、量大面广等特点。将氢气以一定比例掺入天然气，利用现有天然气管网输氢可以大幅降低建设成本，是解决氢气大规模运输的方案之一。当然，掺氢天然气输送仍面临材料与氢相容性、混合与计量、安全评估等技术难题。

低温液态储运氢

该技术将氢气压缩，深冷到 -253℃以下，使之成为液态氢后存储到特制的绝热真空容器中。该方式体积储氢密度为 70.8 kg/m^3，是目前体积储氢密度最高的储氢方法，但氢气液化非常耗能，液化 1kg 的氢气要消耗 13～15kWh 的电量，同时，氢气的沸点是 -253℃，容易挥发，因此液态氢存储过程中需要耐超低温、保持超低温、耐压、密封性强的特殊容器，而该类容器制造难度大，成本高。国内液氢已在航天工程中成功使用，民用缺乏相关标准。

液氢运输通常适用于距离较远、运输量较大的场合。其中，液氢罐车可以运 7t 氢，铁路液氢罐车可运 8～14t 氢，专用液氢驳船的运量则可达 70～90t。采用液氢储运能够减少车辆运输频次，提高加氢站单站供应能力。日本、美国已将液氢罐车作为加氢站运氢的重要方式之一，我国尚无民用液氢输运案例。

典型案例

2021 年 12 月 24 日，日本川崎重工业株式会社建造的全球首艘氢运输船"SUISO FRONTIER"（液氢规模约为 90t）正式从日本神户启航，在澳大利亚装载由煤炭生成的液态氢后，于 2022 年 2 月返回日本神户，完成全球首批液氢远洋进口。日本将把运来的氢供应给神户港湾内发电站，还将用作巴士和卡车等商用汽车的燃料。日本将继续让专用船在日澳间往返，充实运输经验并积累数据，力争 2030 年前后实现大型液氢船舶（运氢规模 $1.6 \times 10^5 m^3$ 约合 $1 \times 10^4 t$ 的液氢）投入商用。

固态储运氢

该技术是以金属氢化物、化学氢化物或纳米材料作为储氢载体，通过化学吸附或物理吸附等方式进行氢存储和运输的方式。该方式具有储存容量大、储氢压力低、安全性高、储氢体积密度（体积储氢率）高、可逆循环性好、放氢纯度高等优点。但主流金属储氢材料重量储氢率尚低（质量分数低于 3.8%），重量储氢率大于 7% 的轻质储氢材料还需解决材料成本较高、放氢温度高等问题。固态储氢已在燃料电池潜艇、分布式发电中得到示范应用。

　　轻质固态储氢材料（如镁基储氢材料）兼具高的体积储氢密度和重量储氢率，作为运氢装置具有较大潜力。同时可仅将低压高密度固态储氢罐作为随车输氢容器使用，加热介质和装置固定放置于充氢和用氢现场，以同步实现氢的快速充装及其高密度高安全输运，提高单车运氢量和运氢安全性。

典型案例

　　2023 年 4 月 13 日，上海交通大学氢科学中心与氢枫能源联合研制的全球先进吨级镁基固态储运氢车（MH-100T）在上海汽车会展中心亮相。第一代吨级镁基固态储运氢车（MH-001T）以镁合金为介质，通过镁与氢气的可逆反应进行氢气储运，存储状态为常温常压，实现了安全、高效、经济的氢气储运。

有机液体及氨储运氢

　　该技术通过加氢反应将氢气固定到芳香族有机化合物（甲基环己烷、氢化萘、咪唑等）或者用氢合成富氢化合物（氨、甲醇等），形成常温常压下为液体的氢化合物，进行长距离运输和存储。该方式储运方便且安全性好、适用场景灵活、运输方式多样且成本低，但也存在加脱氢装置成本较高、放氢能耗高、催化剂需定期进行原位活化处理等挑战。

地下储氢

　　该技术通过将氢气注入盐穴、枯竭油气藏和含水层等地下地质构造中存储，具有氢能储能容量大、储存时间长、储能成本低、储存更为安全等优势，但效率相对较低，前期投资较大。

　　盐穴储氢库（如图 7-4 所示）密封性能好、储氢压力高，在具备近

亿方库容规模的同时，能够储存纯度超
95% 的氢气。盐穴储氢库的地下部分由
井筒和盐穴两部分构成。井筒是连接地下
盐穴和地面设施的通道，主要由套管和水
泥环构成。盐穴是在盐岩中利用水溶法等
建造的空腔，一般埋深在 500～1500m，
单腔水容积大于 $1 \times 10^5 \, m^3$。在盐穴底部
留存有造腔期间形成的沉渣和卤水，除这
些以外的盐腔净空间用于储氢。由于氢气
具有强渗透、高活性的特点，因此发展大
规模盐穴储氢技术，还面临着层状盐岩氢
气渗透与生化反应、盐穴储氢库井筒完整
性管控和储氢库群灾变孕育与防控等亟待解决的难题。

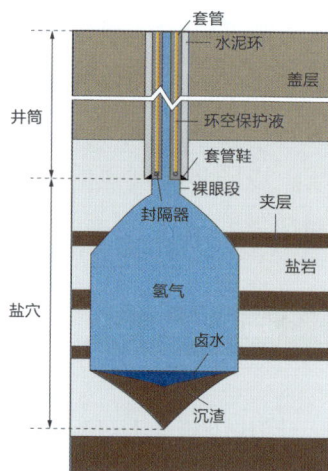

图 7-4　盐穴储氢库示意图

来源：杨春和，王贵宾 . 中国大规模盐穴储氢需求与挑战

　　欧美各国早在 20 世纪 70～80 年代就开始进行盐穴储氢库的工程探
索，现已建成 5 座盐穴储氢库。近年来，各国相继推出国家氢能战略，
地下盐穴储氢库的选址调研与试验论证工作也在加快，在建和拟建项目
20 余项。目前国内盐穴储氢尚处于起步阶段，研究基础薄弱、系统性
不强，还未见盐穴储氢库示范性工程建设。

▶ 氢发电技术

　　目前，氢能发电主要通过氢燃料电池、氢燃机发电两种技术路线
实现。

燃料电池发电技术

　　氢燃料电池通过电化学反应，直接将氢燃料中的化学能转变为电
能，具有理论发电效率高、工况平稳、体积小、零排放的优点。但单

体容量小，主要用于靠近用户的分布式热电联供系统或中小型分布式电站。

根据电解质的性质，燃料电池技术可分为质子交换膜燃料电池、固体氧化物燃料电池、熔融碳酸盐燃料电池、磷酸燃料电池和碱性燃料电池等。质子交换膜燃料电池具有工作温度低、启动快、比功率高等优点，适合应用于交通和固定式电源领域，逐步成为现阶段国内外主流应用技术。固体氧化物燃料电池具有燃料适应性广、能量转换效率高、全固态、模块化组装、零污染等优点，常用在大型集中供电、中型分布式电站和小型家用热电联供领域作为固定电站。

目前，氢燃料电池八大零部件（电堆、膜电极、双极板、质子交换膜、催化剂、碳纸、空气压缩机以及氢气循环系统）均已基本实现自主化，相关零部件和原材料的技术性能还需要大量、长时间的应用验证，并不断迭代，以提升性能、技术经济性。

氢燃机发电技术

相对于燃料电池发电，氢燃机发电具有单机功率大的优点，且可依托现有成熟的燃气轮机工业体系，发挥氢气扩散系数大，混合气均匀程度高、燃烧充分的优势，实现稳定高效的燃烧。但该技术采用常规的热力循环，发电效率受卡诺循环效率限制。

根据氢气含量的不同，氢燃机发电技术可分为掺氢和纯氢燃机发电技术两大类。掺氢燃机技术可基于现有的燃机电厂进行改造，通过修改已有燃机燃烧器、燃烧室、外围管路和控制系统，可在最小代价下实现低碳/零碳排放。其次，氢燃机发电技术采用传统燃烧做功模式，对氢气燃料纯度要求较低，燃料适应性好。但氢气与天然气相比，燃烧速度更快，燃料喷射火焰的温度更高，经常会发生"回火"现象，即不稳定燃烧状态；同时掺氢比例较高时，氮氧化物排放量急剧增加。因此，在氢燃气轮机研究中，实现氢气的稳定燃烧以及减少氮氧化物排放是难点问题。目前国内实际项目已可实现 30% 掺氢燃烧；通用电气、西门子当前可实现 50% 掺氢燃烧并已研发出小容量纯燃氢轮机。

掺氢燃机仅需对现有燃机进行调整即可实现，技术相对成熟，且可有效利用现有设备，也将是氢燃机发电的重要型式。纯氢燃机需要改进的问题依旧较多，是实现清洁化的最终方向。此外，随着氨储运氢规模扩大，纯氢燃气轮机将向着具备纯氢（氨）燃料适应能力方向发展。

67 氨如何作为储氢载体？

液氨储氢技术利用氢气与氮气反应生成液氨，将氮气作为储氢载体循环利用，实现氢能与液氨的转换，包括氢气制氨、氨的储运、氨分解制氢、氢气提纯等环节，氨也可作为燃料和化工原料使用。目前，合成氨反应属于传统成熟化工产业技术，但液氨高效分解制取氢气属于新兴产业，是行业研究重点。

$$N_2 + 3H_2 \longleftrightarrow 2NH_3$$

液氨具有较高能量密度，每升约 13.6MJ，相当于 4.5L 高压液氢或 1200L 常压氢的能量。同时，氨只有氮、氢元素，是一种无碳储能方式，其直接利用不会产生碳排放。此外，在同等条件下，液氨在标准大气压下 −33℃ 就能够实现液化，与之相比，如果直接运输液氢温度则需要降至 −253℃ 左右。液氨运输难度低、成本相对更低，有望成为国际上氢能源出口的重要路径。

近年来，国际上逐渐开启了氢氨融合发展的大潮，氢氨融合被视为国际清洁能源的前瞻性、颠覆性、战略性的技术发展方向，是解决氢能发展重大瓶颈的有效途径，各国积极制定氨能政策，开展有关氨氢融合项目的实践工作，全球正在迈向"氨 = 氢 2.0 时代"。

2022 年 3 月，德国与阿联酋签订了建立氢供应链的协议，首批低碳氨已于 2022 年 9 月由阿联酋阿布扎比国家石油公司运往德国汉堡，作为线材厂的原料使用，同时也将用作工业低碳能源，标志着国际"氨－氢"贸易取得突破。

此外，日本高度重视氨燃料产业链布局，持续开展氨燃料技术的研发与测试。利用煤、氨、氢混烧已成为日本煤电行业主要的降碳方案之一，其技术水平已达到商业化应用规模。根据日本经济产业省公布的数据，到 2030 年，日本的发电用燃料中氢和氨将各占 10%，到 2050 年，将在全球建成 1×10^8 t 规模的氨供应链网络。

68　氢储能系统效率如何？

"电—氢—电"氢储能系统的综合储能效率由氢气制备效率、氢能发电效率、储运氢能耗等因素决定。

结合各类技术当前水平及未来发展潜力，考虑到不同电解水制氢效率介于 60%～90% 之间，氢气压缩、液化或转化过程耗能为 1.7～13kWh/kg，燃料电池发电效率为 40%～80%，燃机发电效率为 60%～65%，"电—氢—电"氢储能系统的综合储能效率为 30%～65%，当前技术水平下的综合效率为 30%～40%。

虽然"电—氢—电"氢储能系统转化效率相对其他储能方式低，但进行应用需求分析时，可将效率问题转化为成本问题。随着氢储能相关设备成本下降和转换效率提升，叠加新能源电力成本降低，氢储能有望在长周期、大容量储能等典型应用场景实现大规模应用。

69　氢储能有哪些典型应用？

氢储能在新型电力系统中的定位有别于电化学储能，主要是长周期、跨季节、大规模和跨空间储存的作用，且可通过 P2X 模式，建立电力与其他领域的耦合协同，其在狭义和广义氢储能下分别主要有以下应用场景：

▶ 狭义"电—氢—电"应用

日内电力调节应用场景

在新能源装机占比高、系统调峰运行压力大的地区，氢储能通过"电—氢—电"双向发挥作用，在用电低谷时，利用通过电解槽设备电解水制氢，将富余的电力转化为氢气并进行储存，在用电高峰时将存储的氢发电上网，满足用电负荷需求，起到日内调节作用。该应用可缓解电网运行压力，并提升可再生能源电力的消纳水平。考虑到锂离子电池等电化学储能可以较为经济地实现该功能，氢储能应用需求相对较小。

跨季节长周期储能场景

应对电源－负荷出力季节性差异、极端天气带来的保供压力，通过电解水制氢技术及衍生气体的能量存储，储能规模从百千瓦到吉瓦，存储时间从小时到季，可以实现全社会负荷从秒级到季节的输出特性平移与优化，较电化学储能更具有经济性。

偏远地区微网供电应用场景

在偏远或海岛等配电基础设施建设滞后地区，用电需求难以由大电网支撑和满足。可采用"新能源＋氢储能＋燃料电池"离网制氢发电方式，通过氢燃料电池为偏远地区提供电源，解决山区、海岛等地区保电、供电难问题，并可以热电联产联供的方式，满足用户多种用能需求。

国家电网浙江台州大陈岛氢能综合利用示范工程

2022 年 7 月，国家电网浙江台州大陈岛氢能综合利用示范工程投运，这是全国首个海岛"绿氢"综合能源示范项目，通过构建基于 100% 新能源发电的制氢 – 储氢 – 燃料电池热电联供系统，实现清洁能源百分百消纳与全过程零碳供能。该示范工程制氢与发电功率为 100kW，储氢容量 200m³（标准状态），供电时长逾 2h。

▶ 广义"电—氢"储能应用

氢储能与交通领域耦合场景

利用可再生能源电力或网电电解水制氢，将电力转化为氢气，并以燃料的形式为氢燃料电池车 / 船舶等交通工具提供动力源。氢燃料电池汽车在部分场景可实现加速渗透，交通用氢规模逐渐提升，为我国可再生氢供应和加氢网络建设提供巨大的应用空间。

2022 年北京冬奥会、冬残奥会氢能大巴

2022 年北京冬奥会、冬残奥会期间，国家电投集团氢能科技发展有限公司研发的 150 辆氢能大巴（如图 7-5 所示）共执行 7205 班次接驳任务，接送人数达 16.07 万人次。氢能大巴纯氢行驶续航约 450km，

图 7-5 "氢腾"大巴

来源：国家电投集团氢能科技发展有限公司

所搭载的"氢腾"FCS80 燃料电池系统，额定净输出 80kW，按照车规级研发设计、IATF16949 质量体系生产，可实现 −30℃低温启动，满足北方城市低温运行要求。

安徽六安兆瓦级制氢综合利用示范工程

该工程于 2022 年 7 月投运，是国内首座兆瓦级氢储能电站。项目配备 220 m³/h 的质子交换膜（PEM）制氢系统、1MW 燃料电池发电系统，可实现电解制氢、储氢、氢能发电等功能，年发电约 7×10^5 kWh。截至目前，该项目已取得安徽省首个制氢加氢一体站的经营许可证，为附近的加氢站提供供氢服务，满足当地部分公交车辆用氢需求。

氢储能与工业领域耦合场景

利用新能源电力电解水制氢，将电力转化为氢气，并采用新工艺将绿色氢气以原料或还原剂的形式参与工业生产过程，大规模替代灰氢和煤炭的应用。一方面，绿氢以"原料"的形式耦合化工产品生产，包括合成氨、合成甲醇以及合成烯烃等精细化工，打造绿色化工产业链；另一方面，绿氢在冶金领域作为"还原剂"将铁矿石直接还原为海绵铁，之后进入电炉炼钢，改变现有的以煤炭为主要还原剂和燃料的高炉炼铁工艺。

典型案例

中国石化新疆库车绿氢示范项目

该项目于 2023 年投产，是国内首次规模化利用光伏发电直接制氢的项目，包括光伏发电、输变电、电解水制氢、储氢、输氢五大部分，如图 7-6 所示。项目新建 3×10^5 kW 光伏电站，设计年均发电量 6.18×10^8 kWh；项目达产时将实现电解水制氢年产能 2×10^4 t，储氢规模约 2.1×10^5 m^3（标准状态），输氢能力约每小时 2.8×10^4 m^3/h（标准状态），绿氢拟全部就近供应中国石化塔河炼化公司，用于替代炼油加工中使用的天然气制氢。

图 7-6　中国石化新星公司新疆库车绿氢示范项目

来源：新星公司北京分公司

中能建松原氢能产业园

中能建松原氢能产业园（绿色氢氨醇一体化）项目效果如图 7-7 所示，项目于 2023 年 9 月开工建设，总投资 296 亿元，规划年产绿氢 1.1×10^5 t，绿氨/醇 6×10^5 t，配套建设电解槽装备制造生产线、综合加能站，涵盖制氢、储氢、运氢、加氢、氢能化工、氢能装备全产业链条。

图 7-7　中能建松原氢能产业园（绿色氢氨醇一体化）项目效果图

来源：中国能源建设集团有限公司

吉林省大安风光制绿氢合成氨一体化示范项目

2022 年 10 月，吉林省大安风光制绿氢合成氨一体化示范项目启动，该项目位于吉林西部（大安）清洁能源化工产业园，计划建造风光总装机容量 800MW，新建 220kV 升压站一座，配套 40MW/80MWh 储能，新建 46000m³/h（标准状态）混合制氢（50 套 PEM 制氢系统，39 套碱液制氢系统）、60000m³（标准状态）储氢及 1.8×10^5 t 合成氨装置，建成后可年产绿氢 3.2×10^4 t、绿氨 1.8×10^5 t。

70　氢储能未来发展趋势如何?

现阶段，受技术、经济、政策和标准等因素的制约，氢储能在新型电力系统中的应用仍面临制氢设备规模小、成本高，大规模储运技术不成熟，项目落地周期长等诸多挑战，未来将朝着适应规模化应用的方向发展：

核心技术及装备指标将进一步提升

在大规模应用的背景下，规模化、高效率电解水制氢技术，氢电耦合智能调控技术，高安全性、低成本、大规模的氢储运技术将成为行业攻关重点，电解槽、储氢容器及燃料电池等装备的单体规模将逐步提高，电解 / 发电效率、寿命等关键指标将进一步迭代提升。此外，产业链部分零部件和原材料尚未实现自主化，亟待加强技术攻关力度，加快推动科技成果转化，以实现自主化装备及零部件性能的持续提升。

氢储能系统经济性将持续提升

当前氢储能系统成本远高于锂离子电池储能、压缩空气储能、抽水蓄能等其他储能方式，还需通过技术进步、工程化应用、产品标准化等路径，不断降低设备成本，提高工程应用的经济性。

氢储能政策体系还需进一步完善

氢能已纳入《中华人民共和国能源法》，氢储能也被明确纳入"新型储能"，但当前相关项目在审批管理方面存在较大不确定性，尚无专项管理办法，同时相关地方主管单位责任划分也不太清晰和统一，对项目落地带来极大影响。未来，氢储能相关政策体系有望完善细化，优化该产业发展环境。

氢能标准体系还需进一步健全

随着氢能产业的快速发展，标准对氢能产业发展的规范和支撑作用日趋明显。但国家标准层面主要集中在氢能应用燃料电池技术方面，其他领域氢能技术标准相对薄弱。因此，在电氢耦合和氢氨醇一体化等方面，仍需进一步加快制定/修订新能源制氢、电制氢加氢一体化、氢氨醇一体化、可逆式燃料电池、电氢耦合系统运行等标准。

氢储能技术和商业模式还需要更多示范工程的验证

氢储能的概念已基本得到行业认同，未来相关技术和商业模式还需要通过开展多场景的工程应用来持续检验和带动。通过统筹考虑新能源发电、氢能制备能力、下游应用需求等多种因素，因地制宜开展"风光发电＋氢储能"一体化应用、氢电融合的微电网示范、氢能跨能源网络协同等多场景应用，带动产品创新、应用创新和商业模式创新。

第八章

压缩空气与压缩二氧化碳储能

71　压缩空气储能的工作原理是什么？

压缩空气储能是采用压缩空气作为能量载体，通过机械设备实现电能－内能－电能转换的机械储能，该储能系统包括储能和释能两个基本过程：在储能过程中，电动机驱动压缩机吸取环境空气，将其压缩至高压状态并储存于储气库中，将电能转化成压缩空气的内能；释能过程中，储气库中的高压空气进入膨胀机做功，带动发电机对外输出电力。此外，在压缩空气储能发电系统运行过程中，通常伴随着压缩热能的产生、存储和利用。

按照空气的存储状态，压缩空气储能可分为气态存储型、液态存储型和超临界存储型，其中，液态存储型又称为深冷液化压缩空气储能。根据运行过程中是否消耗燃料，压缩空气储能可分为补燃式和非补燃式两种技术路线。压缩空气储能技术分类如图 8-1 所示。

补燃式压缩空气储能在压缩空气进入透平膨胀机前设置燃烧器，利用天然气等燃料与压缩空气混合燃烧，提升空气透平膨胀机进气温度，其工作原理如图 8-2 所示。非补燃式压缩空气储能通过回收压缩热并进行储存，再利用其加热高压空气，以提高膨胀机的效率，是当前主流的技术路线，工作原理如图 8-3 所示。根据压缩和膨胀过程中热能来源和特性不同，非补燃式压缩空气储能可进一步划分为绝热式、等温式和复合式压缩空气储能等技术路线。

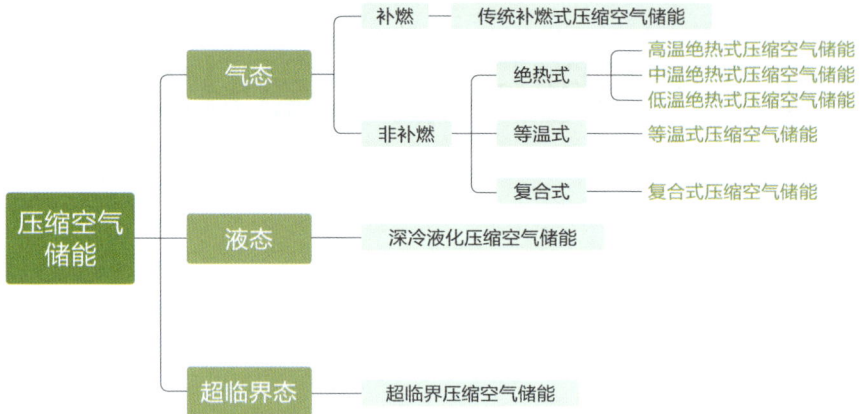

图 8-1　压缩空气储能技术分类

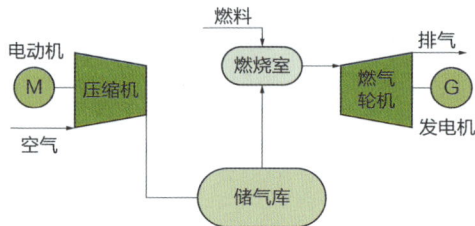

图 8-2　补燃式压缩空气储能工作原理

来源：万明忠，王元媛，李峻，等．压缩空气储能技术研究进展及未来展望

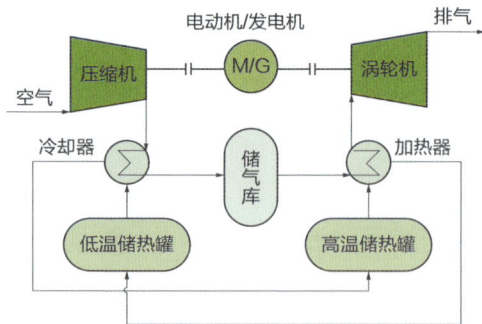

图 8-3　非补燃式压缩空气储能工作原理

来源：万明忠，王元媛，李峻，等．压缩空气储能技术研究进展及未来展望

72　压缩空气储能有哪些特点？

压缩空气储能系统具有储能容量大、发电时间长、场地适应性强、运行寿命长、安全可靠性高、支撑电网能力强、环境友好等优点。

储能容量大	空气是一种获取简单且几乎可以无限使用的储能介质。在压缩空气储能系统中，压缩空气通常存储在大型地下洞穴、矿井或者地面储气罐，这些储气场所或装置可以提供巨大的体积来容纳压缩空气，从而实现大容量储能。例如，目前常用的盐穴储气库可以储存数千甚至上百万立方米的压缩空气，可提供数百至数千兆瓦时的发电容量。压缩空气储能单体发电功率可达数百兆瓦，可满足不同功率的应用需求。
发电时间长	压缩空气储能系统设计灵活，可根据系统需要，通过设计储气库容量和发电机功率调节发电时长，能够连续数小时至数天释放能量，实现长时大规模储能，有利于平衡风电和太阳能发电等不同时间尺度的发电间歇性、波动性和随机性。
场地适应性较强	相较于抽水蓄能电站对落差和水资源条件的需求，压缩空气储能不仅可利用天然盐穴作为储气库，也可建造人工硐室储气，还可采用地面储气罐等装置储气，选址更为灵活多样。
运行寿命长	经过适当维护，压缩空气储能系统的使用寿命可达 30～40 年，与抽水蓄能电站相当，具有较长的服役周期。
安全可靠性高	由于储能介质为空气，不存在燃烧或爆炸的风险，且无毒害物质排放，压缩空气储能安全性较高。
支撑电网能力强	压缩空气储能系统响应速度快，调峰调频能力强，且能够为电力系统提供旋转备用、无功和惯量支撑，还可提供事故应急和黑启动服务。
环境友好	非补燃式压缩空气储能不需要燃烧化石燃料，无大气污染物及二氧化碳排放。此外，相比较抽水蓄能，对地表生态没有不利影响。

73 什么是非补燃式压缩空气储能?

非补燃式压缩空气储能在传统补燃式压缩空气储能技术基础上发展而来,将压缩热回收、储存,在释能过程中再利用储存的热量加热压缩空气,提高透平膨胀机入口压缩空气的温度。与传统的补燃式压缩空气储能相比,非补燃式压缩空气储能的主要优势包括:

环境友好

由于不依赖燃料燃烧加热压缩空气,减少了化石能源消耗,节约资源,同时减少了二氧化碳等温室气体和污染物排放。

效率提高

可以更好地收集、利用压缩热,实现资源的循环利用,提升系统储能效率。

非补燃压缩空气储能中绝热式、等温式和复合式压缩空气储能技术特性如下:

绝热式压缩空气储能在压缩过程中通过增加每段压缩的级数以提升每段压缩机的压缩比,获得较高温度的压缩空气和较高品位的压缩热能,并利用换热器将压缩热存至储热装置,实现压力势能和压缩热能的解耦储存,其工作原理如图 8-4 所示。在发电过程中,利用储热装置将压缩热反馈给高压空气,实现空气压力势能和压缩热能的耦合释能,提高系统的整体效率。根据储热温度的不同,绝热压缩空气储能又可分为高温($> 400℃$)、中温($200 \sim 400℃$)和低温($< 200℃$)绝热压缩空气储能。目前,国内在建和拟建压缩空气储能项目大多采用绝热压缩空气储能技术路线。

等温压缩空气储能系统通过采取特定控温手段,在准等温压缩过程和膨胀过程实现能量的储存和转换。在压缩过程中,实时分离压缩热能和压力势能,使压缩空气不发生较大的温升;相应地,在膨胀过程中,实时将存储的压缩热能回馈给压缩空气,使压缩空气不发生较大的温降。等温压缩空气储能系统的优点是系统结构简单、运行参数低、理论

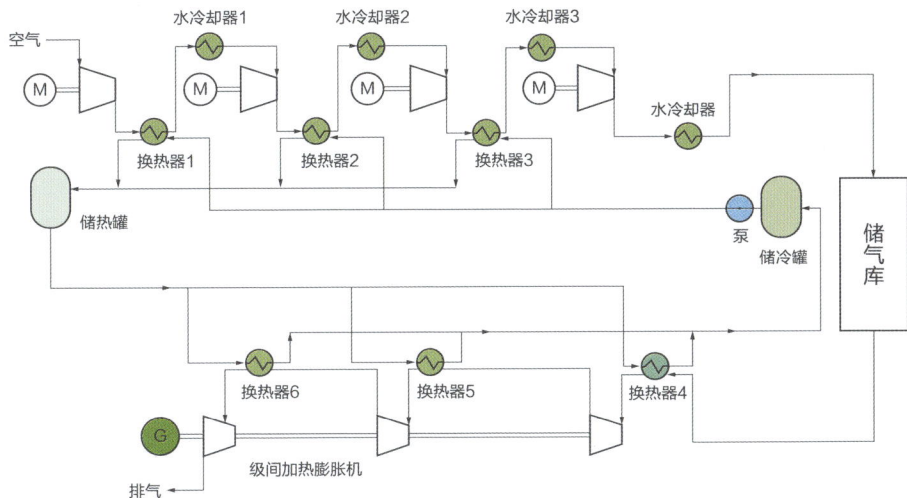

图 8-4 绝热式压缩空气储能原理图

来源：中能建数字科技集团有限公司

效率高，但实现压缩和膨胀过程的完全等温难度很大，该技术路线仍处在研发阶段，尚无实际工程应用。

复合式压缩空气储能除回收利用压缩热之外，还通过太阳能光热、地热和工业余热等多种外部能源系统复合来满足压缩空气储能膨胀过程中加热需求。复合式压缩空气储能系统形式多样，可根据资源条件、应用场景和工程需求进行设计，实现多种能量形式的储存、转换和利用，满足不同类型的用能需求，提升系统能量综合利用效率。2017 年，清华大学在青海大学校园内搭建了世界上首座 100kW 光热复合先进绝热压缩空气储能，应用当地太阳能资源，采用光热的方式进行补热。

74 压缩空气储能的发展历程是怎样的？

压缩空气储能的概念始于 1949 年，经历了从传统补燃式压缩空气储能向非补燃式压缩空气储能的演变，且非补燃式压缩空气储能逐渐由兆瓦级规模向数百兆瓦级单机规模跨越。

▶ 传统补燃式压缩空气储能

1949 年

德国 Stal Laval 首次提出利用地下空间储气的补燃式压缩空气储能技术。自此，压缩空气储能系统概念诞生。

1978 年

德国西北部电力公司（Nordwest Deutsche Kraftwerke）将补燃式压缩空气储能技术应用于德国汉特福（Huntorf）电站，该电站为世界上第一个商业化补燃式压缩空气储能电站，电站运行效率为 42%。

1991 年

美国利用压缩余热回收技术实现对压缩空气的预热，并应用于麦金托什（McIntosh）电站，将系统效率提升至 55%，该电站成为全球第二座商业化补燃式压缩空气储能电站。

传统补燃式压缩空气储能采用燃料补燃，系统效率不高，且运行过程中需要消耗天然气等化石燃料，带来化石燃料依赖以及污染物排放等问题。进入 21 世纪，非补燃压缩空气储能概念提出并得到快速发展。

▶ 非补燃式压缩空气储能

21 世纪初

随着热存储技术的广泛应用，非补燃绝热压缩空气储能系统受到科学界的关注。2003 年，法国阿尔斯通公司（Alstom）为了避免化石燃料的使用，通过存储高温压缩热，提出了先进绝热压缩空气储能系统。

2010 年

德国莱茵电力公司（Rheinisch-Westfälisches-Elektrizitätswerk，RWE）与通用电气（General Electric Company，GE）、德国宇航中心（Deutsches Zentrum für Luft- und Raumfahrt，DLR）、德国旭普林（Züblin International GmbH）共同启动了一套大规模洞穴式的绝热压缩空气储能电站—阿黛尔（Adele）电站的建设，以期将系统设计效率提高至为 70%。但因排气温度高（＞ 600℃）和压缩机制造技术的难度和成本问题，技术进展迟缓，目前尚未实现商业运行。

2012 ~ 2014 年

2012 年起，我国逐步开展非补燃先进绝热压缩空气技术研发与应用。中国科学院工程热物理所储能研发团队于 2013 年在廊坊建成 1.5MW 先进压缩空气储能项目。清华大学、中国科学院理化技术研究所和中国电力科学研究院共同参与研发，在我国安徽省开展了绝热式压缩空气储能的技术验证和工程实践，于 2014 年建成了 TICC-500（0.5MW）非补燃压缩空气储能试验电站（如图 8-5 所示）。

图 8-5　安徽芜湖 TICC-500（0.5MW）非补燃压缩空气储能试验电站

来源：清华大学

181

2012、2013 年，美国提出了等温压缩空气储能技术并开展工程实践。美国通用压缩（General Compression）公司基于该技术于 2012 年在美国得克萨斯州建成 2MW/500MWh 等温压缩空气储能示范系统。美国瑟斯汀 X（SustainX）公司于 2013 年在美国新罕布什尔州建成 1.5MW/1.5MWh 的等温压缩空气储能示范系统。目前，上述两家公司已经合并成立新公司，继续开展压缩空气储能技术开发工作。美国的光帆（Lightsail）公司也开展等温压缩空气储能研发，在加拿大新斯科舍（Nova Scotia）省建设 500kW/3MWh 示范项目。

2020 年以来

绝热压缩技术得到了进一步发展，单机规模稳步提升，系统效率不断突破

2021 年，清华大学提出了"导热油"高温绝热压缩技术并应用在江苏金坛 60MW 压缩空气储能商业电站中。中国科学院工程热物理所自 2021 年以来，先后建设贵州毕节 10MW 先进压缩空气储能系统、河北张家口 100MW/400MWh 先进压缩空气储能示范电站。

中国能源建设集团有限公司提出了"高压热水"中温绝热压缩技术、"高压热水 + 熔盐储热"的高温绝热压缩技术，率先提出 300MW 级非补燃式压缩空气储能路线，并应用于在建的湖北应城 300MW（盐穴储气）、甘肃酒泉 300MW（人工硐室储气）等压缩空气储能电站示范工程。

75 压缩空气储能系统的关键设备有哪些？

压缩空气储能系统主要包括空气压缩系统、膨胀发电系统、换热系统、储气系统、储热系统等，其关键设备主要有压缩机、膨胀机、储换热介质、换热器、储气库、储热罐等。

▶ **压缩机**

　　压缩机的主要功能：在电动机驱动下，压缩机将空气压缩至设定压力以便输送至储气装置中存储。压缩机可分为容积型与透平型两大类，其中容积型压缩机可按运动方式分为往复式和回转式；透平型压缩机可分为轴流式（如图 8-6 所示）和离心式（如图 8-7 所示）。目前适用于压缩空气储能系统的压缩机类型主要为轴流式和离心式，采用多列并联及多段串联方式运行。此外，大规模压缩机的设计制造仍需进一步攻关。

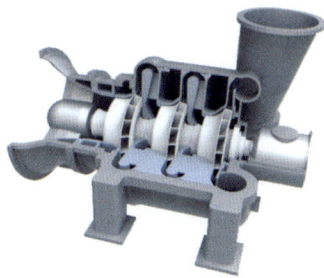

图 8-6　轴流式压缩机示意图
来源：西安陕鼓动力股份有限公司

图 8-7　离心式压缩机示意图
来源：西安陕鼓动力股份有限公司

▶ **膨胀机**

　　膨胀机（如图 8-8 所示）的主要功能：利用储存的压缩气体膨胀降压时势能转化为动能的原理，驱动发电机发电。膨胀机也可以分为容积型与透平型两大类，其中容积型膨胀机可按运动方式分为往复式（活塞式）和回转式两类，透平型可分为轴流式和向心式。目前适用于压缩空气储能系统的膨胀机类型主要为轴流式。

　　由于膨胀机的工作压力和温度相对于蒸汽轮机和燃气轮机都要低得多，其装备研发制造可以借鉴成熟可靠的蒸汽轮机和燃气轮机机组以及气缸、阀门结构。

图 8-8　膨胀机示意图

来源：西安陕鼓动力股份有限公司

储换热介质

非补燃式压缩空气储能系统通过配置储换热介质以回收再利用气体压缩过程所产生的压缩热，提升系统效率。储换热介质主要包括导热油、熔盐和高压水等。目前，高温导热油已在金坛压缩空气储能示范项目等项目中应用，其最高工作温度为 350～400℃；熔盐储热介质工作温度 180～450℃，采用熔盐储热的项目正在建设中；高压水储热介质工作温度 180℃，需设置高压储水罐。

熔盐、导热油作为储换热介质，已经在光热发电领域有较多的工程应用，配套熔盐泵、导热油泵和储罐等也积累了一定产业基础和经验。

换热器

换热器是将热流体的部分热量传递给冷流体的设备，按换热结构不同，主要分为管壳式和板式两类。板式换热器在换热能力和体积上有一定的优势，但难以承受高温高压，故高温和带压的换热过程主要采用管壳式换热器。当压缩机排气温度在 200℃ 及以下时，可采用固定管壳式换热器（如图 8-9 所示）；当温度超过 300℃ 时，一般采用发夹式换热器（如图 8-10 所示），即单程的管壳式换热器，在中间被折弯成发夹的形状。

图 8-9　固定管壳式换热器
来源：中国东方电气集团有限公司

图 8-10　发夹式换热器
来源：中国东方电气集团有限公司

▶ 储气库

　　储气库作为压缩空气储能系统的关键组成部分，其性能需满足大容量存储、高压稳定性、低泄漏率、热稳定性、快速充放气能力、长寿命、维护便利性以及安全性等多方面要求。储气库可分为等容储气库和等压储气库两种。其中，等容储气库包括普通钢制压力容器、管线钢钢管和地下储气库，例如天然盐穴、人工硐室和废弃矿井等；等压储气库有两种路径，其一为采用承压气囊在水下存储高压压缩空气，其二为采用重物放置在可变容积的储气装置上，用重力平衡压力的方式。

▶ 储热罐

　　储热罐用于收集和储存空气压缩过程中产生的热能，其设计与制造需要满足高储热效率、大容量与适应性、耐久性和安全性、快速响应能力以及经济性等多方面的要求。当储热介质采用高温导热油时，一般采用卧式储罐（如图 8-11 所示）；当储热介质采用高温熔盐时，一般采用立式拱顶圆柱形罐体；当储热介质为加压热水时，一般采用球形储罐（如图 8-12 所示）及卧式储罐。

185

图 8-11 卧式储罐示意图
来源：中国东方电气集团有限公司

图 8-12 球形储罐示意图
来源：中国东方电气集团有限公司

76 压缩空气储能有哪些常用的储气方式？

储气装置作为压缩空气储能系统的关键环节，对系统高效、稳定和安全运行具有重要影响。目前压缩空气储能常用的储气方式包括以下几种：

天然洞穴储气

天然地下洞穴规模大、建造成本低，在压缩空气储能领域得到了较为广泛的应用，通常利用天然盐穴储气，也可开发地下含水层及硬岩层洞穴等其他地质结构用于储气。

人工硐室储气

人工硐室减弱了对于特殊地质地理条件的依赖，主要包括浅埋地下的人工内衬洞穴储气装置以及用于水下的混凝土人造储气室。也可通过改造废弃的油井或其他类型的矿井用于储存压缩空气。

金属容器储气

金属材料压力容器密封性好，运行可靠性高，设计制造技术成熟，而且安装布置灵活，常用于建造地面储气库。常见的金属容器储气装置有储气罐、钢瓶组和管线钢。相较于天然盐穴和人工硐室储气库，金属容器储气成本较高。

77 压缩空气储能系统效率如何?

压缩空气储能发电系统设计效率与压缩系统效率、储换热系统效率和膨胀发电系统效率相关。同时,压缩空气储能电站的单机容量越大,系统的设计效率越高。从已建和在建的项目看,兆瓦级压缩空气储能的系统效率可达50%以上,10MW级的系统效率可达60%以上,100MW级别以上的系统设计效率达到70%。总体来看,影响压缩空气储能系统设计效率的因素包括如下方面:

进气温度和压力 对于膨胀发电系统而言,压缩空气的压力和温度越高则系统效率也越高;而对于压缩系统而言,排气温度升高,压缩系统的效率会下降;压缩空气的压力会受到储气库条件的制约,压缩空气的温度会受到压缩机设备和储热介质的限制,因此,在工程系统设计中需要对压缩空气的压力和温度进行多方案技术经济比选后确定。

单机容量 随着压缩空气单机容量不断增大,设计效率也将逐渐提升,当电站规模由10MW级逐步增大至300MW级时,电—电设计效率由60%提升至70%甚至更高。大规模、高效率压缩空气储能技术将成为发展方向。

宽工况设计 压缩空气储能各个环节的设计将影响压缩空气系统效率。在气体压缩和膨胀发电环节,可通过适应宽工况、高负荷、非稳态运行的设计,提升系统效率。多级压缩,中间冷却,可显著降低压缩过程中的电力消耗;多级膨胀,中间加热,可显著增加膨胀过程中的发电量,提高发电效率。

另外,压缩热的利用程度越高,系统效率也会越高。在实际运行过程中,对于一定规模的压缩空气储能,其系统运行效率与运行工况紧密关联,系统运行点偏离额定工况时,系统效率将低于设计值。

78 压缩空气储能电站造价水平如何?

国内已投产压缩空气储能项目多为示范项目,尚未全面实现商业化运行，投产工程的造价相对较高。结合国内已投运工程情况，压缩空气储能电站单位功率造价 6000～9000 元/kW，单位容量造价 1300～1500 元/kWh。已投产压缩空气储能工程多为同等级国内首个压缩空气储能项目，相关设备尚未标准化，前期研发投入大，设备购置费约占工程投资的 50%。

当前电站造价中占比较高的部分主要是压缩系统、膨胀发电系统、换热储热系统三大环节设备造价及储气系统造价。对于采用盐穴储气的工程，压缩系统、膨胀发电系统、换热储热系统三大环节设备造价占比约 45%，储气系统造价占比 6%～9%，投资的其他部分主要为常规电气系统设备费、建筑费、安装费、其他费用等。若采用人工硐室和管线钢储气，储气系统造价占比可达 30% 以上。

储气方式对储气系统造价的影响大。综合分析国内已完成可研设计或正在开展可研设计的项目资料，三种主要储气方式的平均造价水平为（未考虑用穴、用地成本）：盐穴储气造价较低，约 100 元/kWh，条件较好的盐穴造价可进一步降低；人工硐室造价约 500 元/kWh；管线钢储气造价约 1500 元/kWh。对于放电时长 5h 的压缩空气储能项目，人工硐室相比盐穴储气增加造价 2000 元/kW，管线钢储气相比盐穴储气增加造价 7000 元/kW。需要说明的是，同一储气方式下具体工艺和施工方案对造价也有一定影响。以人工硐室为例，不同的地质条件、开挖方案、支护方案、密封方案均会造成工程量费用差异，综合目前在建和正在开展前期工作的项目来看，硐室单位造价在 2000～3500 元/m³。

考虑用穴、用地成本后，人工硐室与盐穴储气投资差价缩小，管线钢储气与另外两种储气方式投资差价增大。盐穴租赁成本：根据目前已有工程数据，2 台 300MW（5h）压缩空气盐穴租金每年 800 万元，按照 30 年，年利率 4.5%，折算现值为 13600 万元，即 45 元/kWh。盐穴储气库不仅可用于压缩空气储能，也广泛应用于石油天然气的存储，因此在盐穴资源紧缺情况下，租赁成本可能进一步增加。管线钢征地成本：管线钢相比盐穴和人工硐室增加的用地成本主要为征地费用。5MW（2h）压缩空气储能管线钢占地约 4500m²（约 7 亩），不同地区征地价格不同，一般在 10 万元～20 万元 / 亩，按照 15 万元 / 亩计算，管线钢增加的用电成本约 105 元 /kWh。

79 什么是深冷液化空气储能?

深冷液化空气储能技术的原理为：储能时，利用电能将空气低温液化并以液体形式存储，释能时，液态空气被加热、汽化，推动膨胀机发电，同时回收利用压缩过程中的余热及膨胀过程中的余冷，其工作流程如图 8-13 所示。

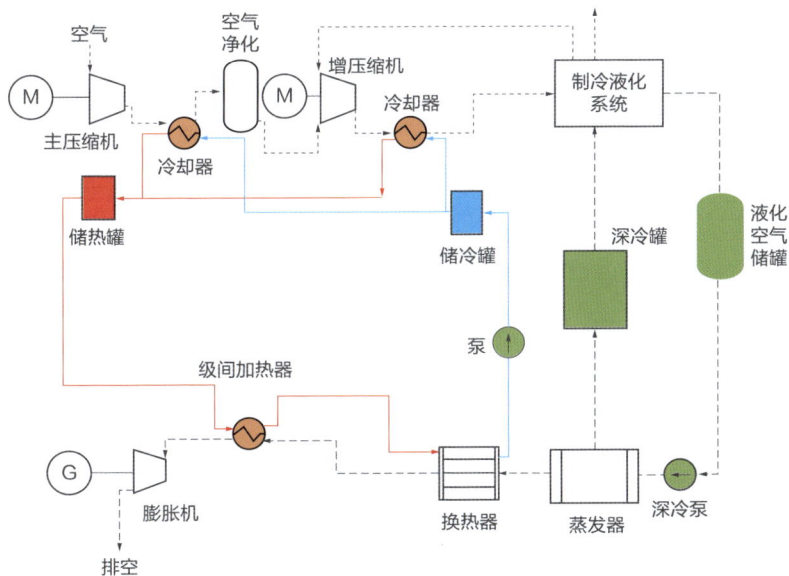

图 8-13 深冷液化空气储能工作流程图

来源：徐桂芝，宋洁，王乐，等 . 深冷液化空气储能技术及其在电网中的应用分析

深冷液化空气储能系统主要包括空气液化子系统（即储能子系统）、冷热循环子系统和膨胀发电子系统（释能子系统），主要设备有空气压缩机组、循环压缩机组、空气净化装置、换热/冷器、制冷膨胀机、储热储冷装置、深冷泵、蒸发器、膨胀发电机组和控制系统等。深冷液化空气储能技术对蓄冷装置提出了非常高的要求，成为制约其商业应用的一大技术难题。

深冷液化空气储能系统具有以下优点：

储能密度高

深冷液化空气储能系统中空气以液态存储，储能密度为 60～120 Wh/L。

储能容量大

发电功率在 10～200 MW，单机储能容量可达百兆瓦时以上。

存储压力低

液态空气以常压存储，低压罐体安全性高，存储成本低。

布局更加灵活

可实现地面罐式的规模化存储，彻底摆脱了对地理条件的依赖。

寿命长

深冷液化空气储能系统主设备为压缩机、膨胀机以及空分液化部分设备，使用寿命约 30 年。

效率相对较高

充分回收利用了余热、余冷，系统效率可达 50%～60%。如果系统可以接入外界的余热（电厂或其他工业余热）或者余冷 [液化天然气（liquefied natural gas，LNG）或者液化空气公司] 资源，其储能综合效率还可以进一步提高。

与常规气态存储型压缩空气储能相比，深冷液化空气储能也有不足之处：

初始投资成本高

深冷液化空气储能系统需要配备液化、储罐、汽化等专用设备，以及高效的热能管理系统，导致初期建设成本高。

运行复杂性增加

液化、储罐管理、汽化等过程涉及复杂的低温技术和热力学管理，对设备的可靠性和操作维护要求较高，增加了系统运行维护难度。

能量转换损耗较高

尽管液化过程可以回收大部分压缩热，但在液态空气汽化、膨胀做功过程中仍存在一定的能量损耗，总体效率可能略低于最优设计的气态存储型压缩空气储能系统。

　　液化空气储能的概念于 1977 年首次提出。英国 Highview 公司和伯明翰大学成立合资企业，设计和建造了世界上首座液化空气储能电站，这座 350kW/2.5MWh 的中试规模电站于 2010 年投入使用，并于 2013 年完成测试，之后被转移到伯明翰大学做进一步的研究与开发。该系统为液化空气储能的发展奠定了基础。

　　2018 年 6 月，Highview 公司在英国大曼彻斯特建设的一座 5MW/15MWh 的预商用液化空气储能电站投入运营。后来，Highview 公司在英格兰北部、英国卡灵顿、智利阿塔卡玛等地各部署了一座 50MW 的液化空气储能电厂（如图 8-14 所示），取名为 CRYOBattery（意为深低温电池），预计于 2025 年前投入使用。

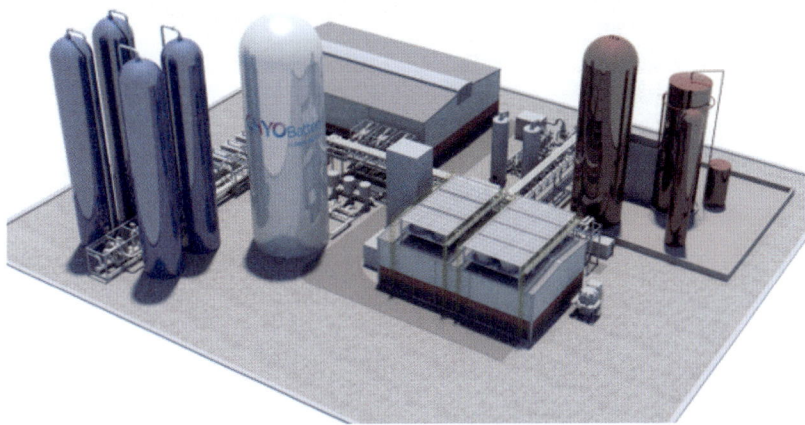

图 8-14　50MW/400MWh CRYOBattery 设计图

来源：Highview 公司

　　国内在深冷液化空气储能方面也开展积极的探索与尝试。2017 年，中国科学院理化技术研究所团队在廊坊中试基地完成了 100kW 低温液态空气储能示范平台建设，取得了良好的实验结果，蓄冷效率达到了 90%，系统整体效率可达 60%，达到国际领先水平。2018 年，国家电网有限公司在江苏省苏州市吴江区同里镇建设 500kW 液态空气储能示

范项目，可提供 500kWh 电力，夏季供冷量约 2.9GJ/ 天，冬季供暖量约
4.4GJ/ 天。2023 年 7 月，青海省 60MW/600MWh 液态（化）空气储能
示范项目（如图 8-15 所示）开工建设，该项目采用拥有自主知识产权的
深低温梯级蓄冷技术，突破了从百千瓦级到万千瓦级液态空气储能系统
规模化放大的设备约束，入选国家能源局新型储能试点示范项目。

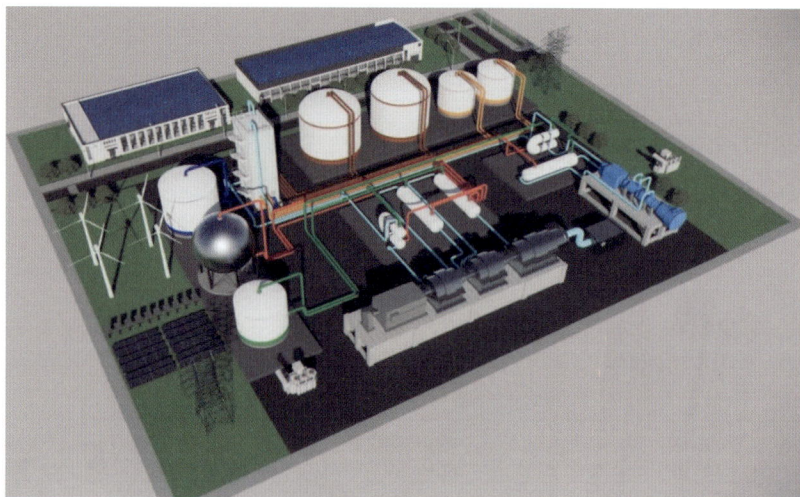

图 8-15　青海省 60MW/600MWh 液态（化）空气储能示范项目示意图
来源：中国绿发投资集团有限公司

80　什么是超临界压缩空气储能？

超临界压缩空气储能（supercritical compressed air energy storage，
SCCAES）利用了空气在超临界状态下密度大、体积小的优点，使储能
系统兼具高效率和高能量密度的特点。其技术原理与深冷液化空气储能
基本一致，区别在于增加高压蓄冷换热装置，通过改变工质（空气等）
的状态，使空气以超临界状态换热，进而大大减少占地面积。

超临界压缩空气储能系统在储能过程中，来自压缩机的常温超临界

空气自上而下流过蓄冷换热器，冷却成具有超临界压力的深冷液态空气；在放电过程中，来自低温泵的超临界压力深冷液态空气进入蓄冷换热器，并被加热成常温超临界空气。其中，蓄冷换热器是超临界压缩空气储能的关键部件之一。

超临界压缩空气储能密度可达 340MJ/m³，系统效率达到 67%，具有广阔的发展前景。但空气的超临界条件较为严苛，高压蓄冷换热装置压力高（10MPa），尚处于实验室研究阶段。

中国科学院工程热物理研究所于 2013 年在河北廊坊建成了发电功率为 1.5MW 的蓄热式超临界压缩空气储能实验系统，系统设计电—电效率约为 52.1%。

81　什么是压缩二氧化碳储能?

压缩二氧化碳储能（compressed carbon dioxide energy storage，CCES）是在压缩空气储能和布雷顿（Brayton）循环基础上提出的，利用二氧化碳代替空气作为储能介质，通过多级绝热压缩、等压加热、多级绝热膨胀和等压冷却等过程实现储能的系统。由于二氧化碳临界点（7.39MPa 和 31.4℃）相对空气（3.77MPa 和 –140.5℃）容易达到，压缩二氧化碳储能具有储能效率高、能量密度高等优点。

根据循环过程中二氧化碳状态不同，压缩二氧化碳储能可分为跨临界二氧化碳储能系统、超临界二氧化碳储能系统以及液态二氧化碳储能系统。

压缩二氧化碳储能系统组成

由于二氧化碳的不可排放性，压缩二氧化碳储能系统为封闭式循环，系统设备和参数设置也和压缩空气储能有较大差异。压缩二氧化碳储能系统原理如图 8-16 所示，系统主要包括高压储气罐、低压储气罐、蓄冷换热器、压缩机、膨胀机以及蓄热蓄冷单元,蓄热蓄冷单元包括再冷器、再热器、蓄热罐和蓄冷罐等。储能时,低压储气罐中的液态二氧化碳通过蓄冷换热器吸热汽化,再经多级压缩机压缩,同时再冷器吸收热量并将热量存储在蓄热罐中,将二氧化碳储存在高压储气罐中,即将电能转化为热能和势能的形式储存;释能时,高压储气罐中的二氧化碳经再热器推动膨胀机做功,同时将再热器出口的低温蓄冷介质冷量存储在蓄冷罐中,膨胀机末级出口的二氧化碳经过散热器和蓄冷换热器冷却至液态,最后存储到低压储气罐中。

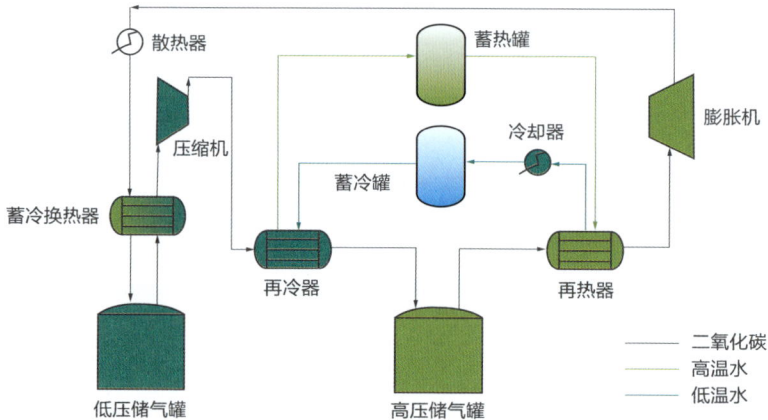

8-16 压缩二氧化碳储能系统原理图

来源:李红,白雨鑫,何青.压缩二氧化碳储能系统膨胀机研究进展

压缩二氧化碳储能发展历程

2012 年,瑞士洛桑埃尔科尔理工大学的 Morandin 教授最早提出将 CO_2 作为工质并应用于储能系统,并设计了一种基于热水储热和冰浆蓄冷的二氧化碳电热储能系统。2022 年 6 月,意大利 Energy Dome 公司在意大利撒丁岛建设了世界上第一个二氧化碳储能项目,规模为 2.5MW/4MWh。该公司还计划筹建一个储能容量为 20MW/200MWh 的大规模压缩二氧化碳储能电站。

近年来，国内西安交通大学、中国科学院理化技术研究所等高校及科研院所也在压缩二氧化碳储能技术领域开展研究，多项示范性工程建设投运。2022 年 8 月，国内首个新型二氧化碳储能验证项目在四川省德阳市投运，储能规模 10MW/20MWh（并配有 250kW 飞轮储能），其最高储液压力为 7 MPa 等级，气仓尺寸为 93 m×75 m×36 m，采用加压水和导热油储存热量，理论循环效率可达 60% 以上。2023 年 9 月，青海省格尔木市 40MW/160MWh 新型二氧化碳储能项目通过备案审批，压缩二氧化碳储能技术的应用逐步扩大。2023 年 12 月，芜湖海螺 10MW/80MWh 二氧化碳储能项目（如图 8-17 所示）顺利并网成功，标志着二氧化碳储能技术在全球范围内首次完成了商业应用，并入选国家能源局新型储能试点示范项目。

图 8-17　安徽芜湖海螺二氧化碳储能示范项目

来源：百穰新能源科技（深圳）有限公司

压缩二氧化碳储能作为一种新兴机械储能技术，在关键设备设计开发、储气技术、系统动态优化、提升系统综合能源利用效率等方面还有进一步发展的空间，同时也面临着设备定制加工制造、发电动态响应、系统应用场景等挑战。除了传统的电力系统应用，压缩二氧化碳储能技术还可在工业节能、区域供热制冷、交通运输、数据中心冷却、农业温室气体管理等领域发掘新的应用模式，形成多元化的市场格局。

82 压缩空气储能有哪些典型应用？

▶ 补燃式压缩空气储能电站

德国 Huntorf 压缩空气储能电站

1978 年，德国 Huntorf 电站（如图 8-18 所示）投产，是补燃式压缩空气储能技术的首次应用，主要用于提供调峰服务，保障核电站的安全稳定运行，目前仍在运。电站的发电功率为 290MW，机组采用两级

图 8-18 德国 Huntorf 压缩空气储能电站

来源：Crotogino F，Mohmeyer K U，Scharf R.Huntorf CAES: More than 20 years of successful operation

压缩两级膨胀，压缩机功率为 60MW，膨胀机功率为 290MW（2007 年扩容至 321MW），电站效率为 42%。压缩空气存储在地下 600m 的两个盐穴中，总容积达 $3.1 \times 10^5 m^3$，压力最高可达 100bar。机组可连续压缩充气 8h，连续发电 2h，机组从静止到满负荷需要 11min，冷态启动至满负荷约需 6min。

美国 McIntosh 压缩空气储能电站

1991 年，美国 McIntosh 电站（如图 8-19 所示）投入商业运行。该电站在膨胀机出口增加了回热器，通过利用压缩余热实现对压缩空气的预热，系统能量转换效率提高至 55%。电站发电功率为 110MW，储气方式采用天然盐穴，其储气洞穴在地下 450m，总容积达 $5.6 \times 10^5 m^3$，储气压力约为 75bar。该电站压缩机功率为 50MW，膨胀机功率为 110MW，可实现连续 41h 压缩充气和 26h 发电，机组从启动到满负荷约需 9min。

图 8-19　美国 McIntosh 压缩空气储能电站

来源：Swanekamp R. McIntosh serves as model for compressed-air energy storage

▶ **非补燃式压缩空气储能电站**

江苏金坛 60MW/300MWh 压缩空气储能电站

2021 年，清华大学提出"导热油"高温绝热压缩技术，基于该技术在江苏金坛建设了 60MW/300MWh 压缩空气储能电站（如图 8-20 所示），系统设计电—电转换效率超过 60%。该项目于 2022 年 5 月正式投产，全年可节约标准煤 3×10^4 t，减少二氧化碳排放超 6×10^4 t，并为江苏电网提供 $\pm 60MW$ 调峰能力。据称，该电站在 2022 年夏季为确保电网运行安全，电站机组通过"一储多发""交叉储发"等非设计方式调峰，在 2022 年 7 ~ 8 月间响应约 40 次调峰指令，并实现创纪录的连续 25 次不间断调峰。截至 2024 年 3 月，该电站已接受电网调度 600 余次，累计提供调峰电量 2.1×10^8 kWh，电—电效率超 62%。

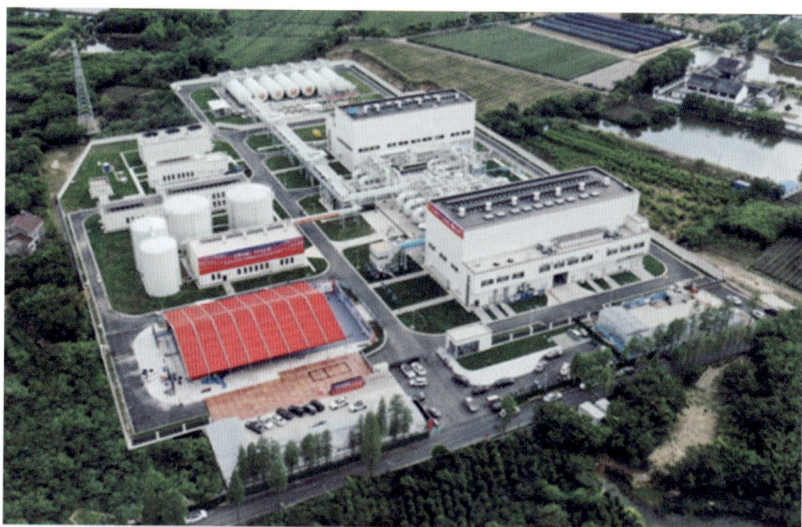

图 8-20　江苏金坛 60MW/300MWh 压缩空气储能电站
来源：中国华能集团有限公司

河北张家口 100MW/400MWh 压缩空气储能电站

2022 年 9 月，中国科学院工程热物理研究所聚焦先进压缩空气储能技术原理，研发出的国际首套百兆瓦先进压缩空气储能国家示范项目在河北张家口顺利并网。项目总规模为 100MW/400MWh，系统设计电—电效率 70.4%。目前该项目已建成地面储气装置，地下储气库在建设中。

湖北应城 300MW/1500MWh 压缩空气储能示范项目

湖北应城 300MW/1500MWh 压缩空气储能示范项目（如图 8-21 所示）于 2022 年 7 月启动建设，2024 年 4 月首次并网，创造了单机功率、储能规模、转换效率 3 项世界领先。该项目创新提出了 4 段压缩、3 段膨胀，采用"180℃高压热水"中温绝热压缩技术，采用盐穴储气，系统电—电设计效率达到 70%。

图 8-21 湖北应城 300MW/1500MWh 压缩空气储能示范项目

来源：中国能源建设集团有限公司

甘肃酒泉 300MW/1800MWh 压缩空气储能示范项目

甘肃酒泉 300MW/1800MWh 压缩空气储能电站示范项目（如图 8-22 所示）采用"高压热水＋熔盐 330℃储热"的高温绝热压缩技术，同时配套建设地下人工硐室作为储气库，使系统电—电设计效率提升到 70% 以上，项目已于 2022 年 12 月开工建设。

图 8-22　甘肃酒泉 300MW/1800MWh 压缩空气储能示范项目

来源：中国能源建设集团有限公司

当前，国内已有多个百兆瓦级压缩空气储能工程开工建设，正在规划的压缩空气储能规模不断增大，设计效率不断提升，单机规模已经由 10 兆瓦级逐步增大至 600 兆瓦级，设计效率由 50% 提升至 70% 甚至更高，储气方式包括地下盐穴、人工硐室、废弃矿井和压力容器等多种方式。2024 年 1 月，国家能源局公布了一批新型储能示范项目，包括 11 项在建压缩空气储能项目，具体如表 8-1 所示。

表 8-1　国家能源局 2024 年新型储能试点示范项目（压缩空气储能项目）

序号	项目名称
1	山东省肥城市 300MW/1800MWh 压缩空气储能示范项目
2	江西省铅山县 300MW/1200MWh 压缩空气储能示范项目
3	甘肃省玉门市 300MW/1800MWh 压缩空气储能示范项目
4	湖北省应城市 300MW/1500MWh 压缩空气储能示范项目
5	河南省新县 300MW/1200MWh 压缩空气储能示范项目
6	湖南省岳阳县 300MW/1500MWh 压缩空气储能示范项目
7	湖南省衡阳市珠晖区 100MW/400MWh 压缩空气储能示范项目
8	青海省乌兰县 200MW/800MWh 压缩空气储能示范项目
9	四川省遂宁市船山区 200MW/1600MWh 压缩空气储能示范项目
10	黑龙江省宝清县 350MW/1750MWh 压缩空气储能示范项目
11	新疆维吾尔自治区巴里坤哈萨克自治县 100MW/400MWh 压缩空气储能示范项目

83　压缩空气储能未来发展趋势如何?

当前,压缩空气储能正在从试验示范逐步向规模化应用过渡。未来,压缩空气储能将向更大单机规模、更高能量转化效率、更加灵活布局、更加多元应用的方向发展。

技术装备的迭代升级将提高压缩空气储能系统的运行参数和综合效率

压缩空气储能核心装备的发展趋势是进一步提高设备效率和单机容量,提升储热温度,降低工程投资,提高智能化水平,推进建成 300MW 等级及以上、储能效率 70% 以上的压缩空气储能项目建设。

灵活布局的储气方案将成为压缩空气储能大规模发展的关键因素

储气环节决定了压缩气体储能的布局灵活性，采用盐穴和人工地下硐室的压缩空气储能将是长时、大容量压缩空气储能的经济较优选择，一方面需要加大现有盐穴资源的利用，另一方面将提升人工硐室、金属容器和复合材料容器的技术经济性能，建立更加多元的储气体系，提升压缩空气储能布局的灵活性。同时，探索研发水下柔性压缩空气储能技术，利用柔性气囊在水下存储压缩空气。

压缩空气储能的应用场景将进一步多元化

持续以工程化应用，为压缩空气储能产业发展提供支撑验证。推动压缩空气储能在电网侧应用，发挥其大规模、长寿命及惯量支撑优势，提升新型电力系统灵活调节，促进削峰填谷和新能源消纳；开展压缩空气储能电站在沙戈荒新能源基地等场景应用，以宽工况、变负荷的运行特性，适应新能源的波动性；开发压缩空气储能电站冷、热、电等多种形式能量联合供应模式，提高资源综合利用效率；探索将退役燃煤机组改造为压缩空气储能发电，提高资源的循环利用率，降低储能电站的投资；探索深冷液化空气储能与 LNG 冷能、核电站余热等其他系统的冷、热、电耦合集成，提高综合能效。

第九章

重力储能

84 重力储能的工作原理是什么?

重力储能是一种机械式储能,基本原理为基于高度差对储能介质进行升降来实现储能和放电过程,除此之外,有部分利用重力形成的压力差实现充放电的储能形式有时也被归为重力储能。广义上,抽水蓄能也是一种重力储能,本章中重力储能特指除抽水蓄能外,其他利用重力势能进行能量存储和释放的储能型式。

重力储能系统在储能时,由电动机驱动储能介质从低处升到高处,实现电能到重力势能的转换;发电时,储能介质由高处下降到低处,驱动发电机旋转发电,实现重力势能到电能的转换。

重力储能的储能介质主要有固体和液体两类。固体介质储能系统主要利用起重机、缆车、有轨列车、绞盘、吊车、重力轮机等传统和新型升降机械实现重物的提升和下落控制,并通过对机械传动系统和电动/发电机系统的控制实现储能和放电。液体介质储能系统主要有海下抽水储能系统、基于活塞和水泵–液压传动等形式,是传统抽水储能的改进形式,主要基于海水静压或重力形成的水压来实现储能介质的升降。

85　重力储能有哪些特点？

作为尚处于试验试点阶段的一种新型储能技术，与其他规模化储能技术相比，重力储能主要有以下优点：

1　系统效率高

重力储能的能量转换过程仅涉及宏观的机械运动，而非化学反应或热力学过程，因此能量损失较小，系统的能量转换效率相对较高。

2　使用寿命长

重力储能系统主要依赖机械部件和重物，相关组件的寿命通常较长（30～40 年），运行期间不需要频繁更换，充放电次数高，使得系统的整体寿命和耐用性优于化学储能技术。目前投入运行的美国 Ares 公司加州铁轨重力储能系统设计寿命是 40 年，瑞士 Energy Vault 公司推出的塔吊式重力储能系统使用寿命为 30～40 年。

3　环境友好

重力储能全产业链的全生命周期过程不产生固、液、气污染物质，报废后不产生环境有害物质。同时，重力块材料来源广泛，可选用砂石、废弃风叶、建筑垃圾、废弃铁块等，实现固废循环利用，兼顾经济性同时更具有环境效益。

4　安全性高

重力储能是一种物理储能技术，在重物上升与下落、势能储存、发电等过程中均不涉及化学反应，无燃爆风险，安全性高、运行可靠。

5　设计灵活

重力储能电站选址灵活，建设周期短，功率和容量可以根据系统需要进行灵活设计和扩展，且可通过多个重力储能子系统的集群与协同，适应从小型分布式应用到大型集中式电站的需求。

尽管重力储能具有以上诸多优点，但该技术仍处于发展初期，限于重物能量密度及其他技术的制约，单体容量规模相对小，且大量机械设备的间歇性运行及机械运行影响了输入输出功率的持续稳定性，因此需要适当配置其他储能如飞轮储能、超级电容器等予以短时补偿。此外，其惯性支撑能力还需验证。

86 重力储能有哪些技术路线？

根据重力储能的储能介质和落差实现方式的不同，可将固体储能介质重力储能分为人造高差式重力储能、山地重力储能、竖井式重力储能等；将液体储能介质重力储能分为活塞式重力储能和海下重力储能等。

▶ 人造高差式重力储能

人造高差式重力储能通过人工构建具有一定高差的构筑物，利用重物块和机械设备的互相配合，在电能过剩时提升重物块进行储能，在电能不足时将重力势能转化为重物块动能驱动发电机发电，最终实现重力势能与电能的相互转化。目前有塔吊式重力储能、框架式重力储能、支撑架 – 滑轮组重力储能等方式。

塔吊式重力储能系统

2018 年，瑞士 Energy Vault 公司推出了容量达 35MWh 的塔吊式储能系统方案，并在 2020 年建立了商业示范原型（第一代技术 EV1 塔吊式重力储能系统），示意图如图 9-1 所示。该储能系统包含了 1 台高达 110m 的吊塔，吊塔装有六臂式起重机，周围有重为 35t、呈同心圆排列的混凝土块。所有的混凝土块分为三部分，第一部分为基座，用来提高储能塔的整体高度，在系统运行过程中不移动；第二部分为内环，第三部分为外圈。系统储能时，吊塔上的电动机驱动六只吊臂依次将内环和外圈的混凝土块提升"建造"储能塔；系统释放能量时，六只吊臂卸载混凝土块，形成一个内环和外圈，同时释放能量驱动发电机发电产生电能。混凝土砖塔的容量为 35MWh、峰值功率可达 4MW，起重机在 2.9s 内可发电，设计效率达到 90%。该系统的储能容量与总重物质量和储能塔高度正相关，系统功率与单次提升重物质量和下降速度正相关。

塔吊式重力储能系统结构简单，操作方便，但仍然存在许多需要解

图 9-1　塔吊式重力储能系统示意图

来源：瑞士 Energy Vault 公司

决的问题：由于其占地较大，因此单个储能塔容量有限，且需要考虑混凝土块移动时的偏移及风速对其稳定性的影响，同时该结构对地震等自然灾害的抵抗性较差。

框架式重力储能系统

2021 年，瑞士 Energy Vault 公司为解决塔吊式重力储能系统遇到的问题，将储能系统方案从高塔转向 20 层的模块化建筑模式，推出了第二代储能系统 EVx 储能平台，示意图如图 9-2。EVx 储能平台是一种框架式重力储能系统，每个 EVx 建筑砖可以独立起降，砖块可以叠加，系统转换效率为 80%～85%。

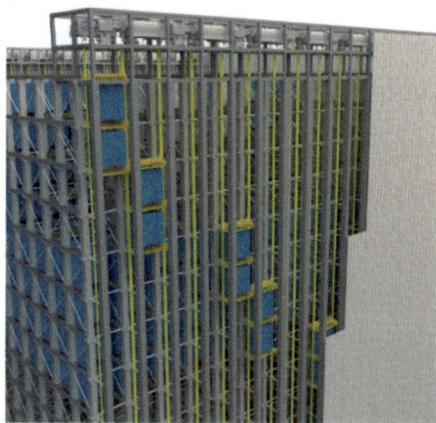

图 9-2　EVx 储能平台示意图

来源：瑞士 Energy Vault 公司

支撑架–滑轮组重力储能系统

国内，徐州中矿大传动与自动化有限公司 2017 年提出利用支撑架和滑轮组提升重物储能的方案，并采用定滑轮组和减速器以减少电机成本，示意图如图 9-3 所示；上海发电设备成套设计研究院于 2020 年提出了一种利用行吊和承重墙堆叠重物的方案，空间利用率高，储能密度大。

人造高差式重力储能系统选址灵活，且易于集成化和规模化，但

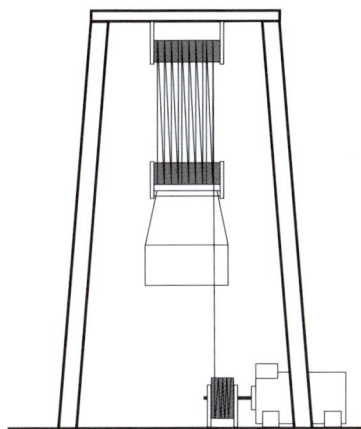

图 9-3 支撑架–滑轮组重力储能系统示意图

来源：徐州中矿大传动与自动化有限公司

需确保建筑稳定以及对塔吊、行吊的精度控制，吊装机构、滑轮组和电机的整体效率尚有待提升，尤其在室外环境如何做到毫米级别的误差控制是制约此类技术发展的关键问题。

▶ 山地重力储能系统

山地重力储能系统需要两个具有地势差的重物堆放场，通常在陡峭的峡谷或者山脉边缘建造一个低位堆放场和一个高位堆放场，利用山体落差和固体重物的提升来实现重力储能，相比人工构筑物结构更加稳定，承重能力更强。

当前山地重力储能方案主要包括轨道机车、缆车和铁轨等实现方式。

轨道机车重力储能

该储能系统包括上下坡轨道、重装载重车辆、电动 / 发电机及控制系统等，示意图如图 9-4 所示。储能时，利用高效电动机将载重车辆推至坡顶"车站"，电能转为重力势能储存；发电时，释放载重车辆下坡，重力势能转化为电能。据有关公司公开数据，轨道机车储能系统单站发电功率可在 100～3000MW，储能时长 2～24h，转换效率达 86%。系统具备快速响应能力，系统寿命达 40 年以上。

图 9-4　轨道机车重力储能示意图

来源：美国 Advanced Rail Energy Storage（ARES）公司

缆车重力储能系统

该系统方案最早在 2019 年由奥地利 IIASA 研究所提出，由陡峭山坡、起重机、储存容器（可以装砂石或水）、缆索等组成，示意图如图 9-5 所示。储能时，电动机将装满重物的缆车从山坡底部移动到顶部，电能转化为势能；发电时，缆车从山坡顶部下降到底部，势能转化为电能。有关公开数据显示，该系统储能容量可达到 0.5～20MWh，发电功率 500～5000kW。

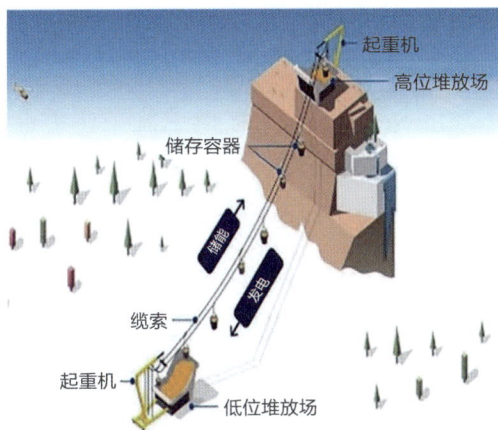

图 9-5　缆车重力储能示意图

来源：奥地利国际应用系统分析研究所（IIASA）

铁轨重力储能系统

2013 年，美国先进铁路储能（Advanced Rail Energy Storage，ARES）公司利用退役铁路设计出了一种基于铁路的山地牵引式重力储能技术，该技术方案利用现有的铁轨技术建造一个大型的铁轨网络，穿梭车在铁轨上运行，从而实现两个不同地点的重物堆放场之间的连通。穿梭车内部带有电动机，储能时，电动机驱动穿梭车载着重物从低地势堆放场向高地势堆放场运动，形成势能进行储存；放电时，载有重物的穿梭车从高堆放场向低堆放场运动，电动机作为发电机发电。铁轨重力储能系统大规模铁轨网络的建设使穿梭车的运行具有很高的灵活性，保证了系统具备极速响应的特点，这使得铁轨重力储能系统能够在紧急情况下进行电能供应。

▶ 竖井式重力储能

竖井式重力储能系统通过改造废弃竖井或新建竖井，形成一个可容纳重物往复运动的通道。储能时，电动机提升重物；放电时，重物下降释放势能，电动机转化为发电机发电。

2016 年，英国 Gravitricity 公司提出了基于废弃矿井进行重力储能的方案，并于 2021 年在爱丁堡利斯完成了 250kW 的重力储能示范项目（如图 9-6 所示）。该公司利用废弃钻井平台与矿井，在 150～1500m 长的钻井中重复吊起与放下 16m 长、500～5000t 重的钻机，峰值发电功率可以达到 1～20MW，连续输出时长达 8h。在用电低谷时，通过电动绞盘将钻机拉升至废弃矿井上方；用电高峰时，让钻机下落使其释放存储起来的能量，通过控制重物下落速度，调整发电功率和时长。

图 9-6　竖井式重力储能系统

来源：英国 Gravitricity 公司

▶ 活塞式重力储能

2016 年，美国 Gravity Power 公司基于抽水蓄能机组原理，提出活塞式重力储能，并于 2021 年在巴伐利亚建设兆瓦级示范工程，目标是提供 40MW/160 MWh 至 1.6GW/6.4GWh 的储能容量。活塞水泵储能系统结构如图 9-7 所示，该技术将圆柱状的岩石活塞嵌放在形状相同的储水竖井中，储能时，水泵将水压入储水竖井中，岩石活塞被水压提起，将电能转化为重力势能；发电时，闸门打开，活塞下降，挤压储水竖井中的水流经水轮机来发电，将重力势能转化成电能。在此过程中，重物块活塞作为主要储能物质，水体推动重物块活塞上下移动。

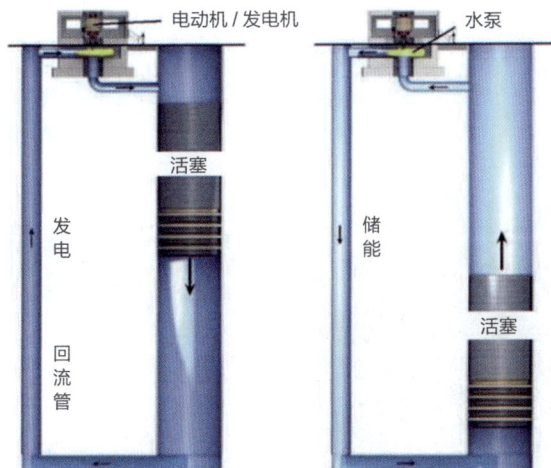

图 9-7　活塞水泵储能系统示意图
来源：美国 Gravity Power 公司

▶ **海下重力储能**

2011 年，德国法兰克福歌德大学荣誉教授 Horst Schmidt-Böcking 和萨尔布吕肯大学 Gerhard Luther 博士提出了形似海底"巨蛋"的海下重力储能方式，又称 StEnSea（stored energy in the sea，StEnSea）系统。海下重力储能系统示意图如图 9-8 所示，该系统由两个主要部分组成，一个是储能用空心混凝土球体，另一个是可拆卸的圆柱形技术单元，用于固定水泵 – 水轮机、可控阀门和监控系统等。储能时，水泵将球体内海水抽到周围的海洋，储存起能量的同时，也为后续放电创造出空间；放电时，可控阀门打开，海水通过技术单元流入球体，驱动水轮机发电。如果和常规的抽蓄电站对比，StEnSea 系统中海洋相当于上水库，而球内相当于下水库。一个空心球体就代表一个充满电的储能系统，其标准尺寸为直径 30m、壁厚 2.7m 的混凝土空心球；系统的经济安装深度为 600～800m，在 700m 深度时，储能系统的储电能力大约为 20MWh，功率为 5～6MW，转换效率为 65%～70%。

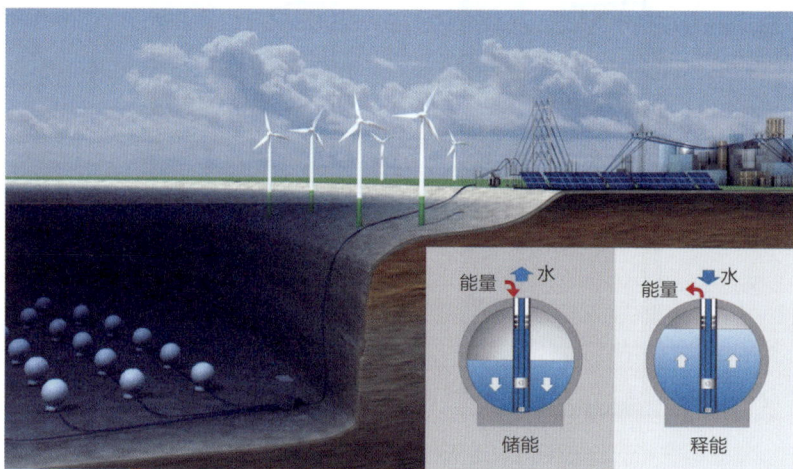

图 9-8　海下重力储能系统示意图
来源：弗劳恩霍夫风能和能源系统技术研究所

2016 年，德国弗劳恩霍夫风能和能源系统技术研究所（IWES）采用直径约 3m 的 1∶10 缩比模型放到 100m 深处进行了"海底巨蛋"储能的水下测试，实测循环效率 38.7%。该技术可与海上风电、海洋能的消纳利用相结合，后续还需在大尺寸空心球体制造、适应深水的水泵和水轮机设计、海底锚固等方面持续攻关，并开展实际尺寸的工程试验。

87　重力储能有哪些典型应用？

目前重力储能行业整体处于小规模试点试验阶段，在全球范围来看，研究重力储能技术的企业并不多，国外主要有瑞士的 Energy Vault 公司、英国的 Gravitricity 公司、美国的 Gravity Power 和 ARES 等公司；国内方面，中国天楹股份有限公司引进并推广了瑞士 Energy Vault 公司的重力储能技术，投资建设了中国首个重力储能示范项目，中国科学院电工研究所开展了基于地下竖井的重力储能系统研究，并完成 10kW 级的试验样机研制，中国电力工程顾问集团华北电力设计院在重力储能领域开展了相关工作，具有一定的技术和项目开发储备。截至目前，仅有少量重力储能项目处于原理示范阶段，尚未进入商业化运营。

▶ 人造高差式重力储能项目

2022 年，中国天楹成功引入了瑞士 Energy Vault 公司第二代技术 EVx，并参与了重力储能技术的研发和升级，在我国江苏如东启动建设全球首个 25MW/100MWh 重力储能示范项目（如图 9-9 所示），该项目

（a）　　　　　　　　　　　（b）

图 9-9　中国天楹 25MW/100MWh 重力储能示范项目

（a）项目效果图；（b）项目施工现场

来源：中国天楹股份有限公司

储能框架结构长 110m、宽 120m、高 148m，利用人工智能算法控制单元模块的高度来实现势能与电能的转换。该项目主体于 2023 年 9 月底封顶，2023 年 12 月 28 日，项目完成倒送电试验。2024 年 1 月，该项目与甘肃张掖 17MW/68MWh 重力储能项目入选国家能源局新型储能试点示范项目。

▶ 竖井式重力储能项目

英国 Gravitricity 公司利用废弃钻井平台和矿井，采用钻机作为重物，于 2021 年在爱丁堡利斯港建造一座 250kW 的悬挂式重力储能试点系统。目前，Gravitricity 公司与捷克国有矿业公司 Diamo 合作，拟将该国的 Darkov 深层煤矿改造成一个 4MW 的储能设施。

中国能建旗下中国电力工程顾问集团于 2024 年 3 月与河北省张家口市赤城县人民政府签约，拟投资建设河北省赤城县 60MW/360MWh 重力储能示范项目，项目效果图如图 9-10 所示。该项目已于 2024 年 1 月入选国家能源局新型储能试点示范项目。该项目采用竖井式方案，

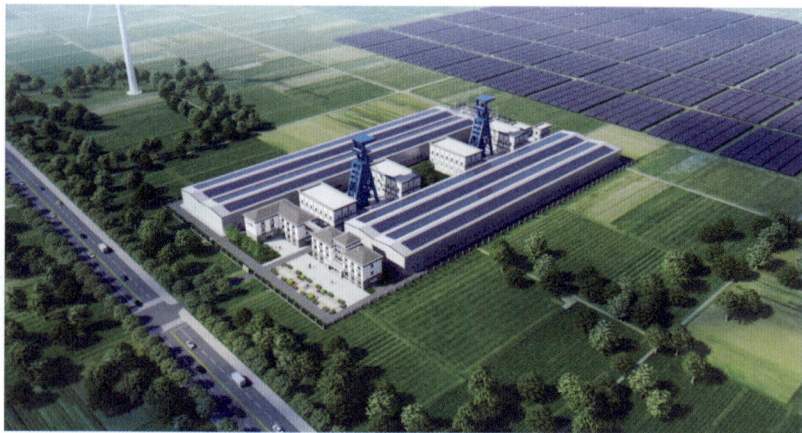

图 9-10　河北省张家口赤城县 60MW/360MWh 重力储能示范项目效果图
来源：中国能源建设集团有限公司

人工建设竖井构造落差路径，通过重力势能—机械能—电能的循环转换，实现电能的存储与释放。该工程在全球首创性提出了单机容量最大、单模块容量最大、创新设备应用多、系统效率高、经济性优的基于竖井式模块化工程方案。依托示范项目工程化应用，有望形成自主可控的新型重力储能专有技术。

▶ **铁轨重力储能系统项目**

美国ARES公司提出的铁轨重力储能系统已在加州特哈查皮的一个试点项目中测试成功。2020年，其首个商业项目在内华达州帕伦普市开发建设。该储能系统设计使用一个由210辆货车组成的车队，总重7.5×10^4 t，在10条长度9.3km、平均坡度7%的轨道上，电动机带动链条将这些货车拖到山顶。ARES公司宣称这座储能系统可以提供持续15min、功率为50MW的电力，效率可达75%~86%。

88　重力储能未来发展趋势如何？

重力储能实现方案众多，各有优劣，整体还处于早期阶段，百兆瓦级应用的技术可行性和经济性有待验证。发展趋势主要有如下方面：

重力储能多技术路线将并行发展

重力储能各类技术将持续推进，研究方向主要包括不同地理和环境条件下的系统设计、新型重力储能介质研发、大功率电动/发电机及其运行控制、重力储能系统集群运行与控制、重力储能系统的稳定性和全天候适应性等。

集群控制技术将成为大规模重力储能的关键支撑

重力势能系统的功率和容量与被提升物的质量和抬升高度有关，故单体容量相对较小，比较适合于建设中等功率和容量的储能系统，而通过建设多个重力储能子系统并集群运行，可以获得更大容量和功率，从而实现其规模化利用，多个子系统的集群运行与控制技术将发挥关键作用。

重力储能将与生态治理相结合

在技术与政策的双轮驱动下，重力储能有望与生态修复、尾矿治理、建筑垃圾等相结合，形成资源综合利用的解决方案，进一步体现新型储能技术的环境价值。

重力储能的综合性能需工程实践验证

重力储能的选址灵活，能量和功率可以解耦，理论上可提供转动惯量，但需在多场景开展综合示范应用，验证其发电稳定性，并对其储能效率、经济性、安全性等综合性能进行工程化认定和评价，推动上下游产业链不断健全。

第十章

飞轮储能

89 飞轮储能的原理是什么？

飞轮储能系统（flywheel energy storage system, FESS）是通过飞轮转子实现机械能与电能之间的能量转换，进行能量储存和释放的储能系统，具有能量储存、释放和保持三种工作状态，其工作原理如图 10-1 所示。储存状态下，电力驱动电动机带动飞轮转子加速运转，将输入的电能转化为机械能储存在旋转体中；释放状态下，飞轮利用惯性带动电机发电，此时转子减速使系统机械能减小，这部分减小的能量以向外供电的方式实现机械能到电能的转变；保持状态下，飞轮系统依靠最小的能量输入以维持系统运行在工作转速状态。

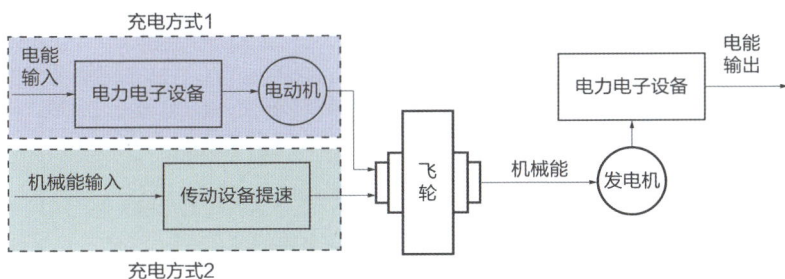

图 10-1 飞轮储能系统工作原理图
来源：梅生伟，李建林，朱建全，等 . 储能技术

人类对飞轮的利用可以追溯到公元前陶轮、飞轮＋纺锤的使用阶段。现代飞轮储能技术自 20 世纪中叶开始发展，20 世纪 70 年代石油危机爆发，欧美开始大力发展多种能源项目，飞轮储能项目也被纳入能源领域开展研究。20 世纪 90 年代中后期，美国飞轮储能进入产业化发展阶段，首先在不间断供电领域提供商业化产品。我国飞轮储能起步较晚，自 20 世纪 90 年代开始相关技术研究，但发展速度较快。

90　飞轮储能具有哪些特点？

飞轮储能具有功率密度高、响应速度快、使用寿命长、状态易于观测等优势：

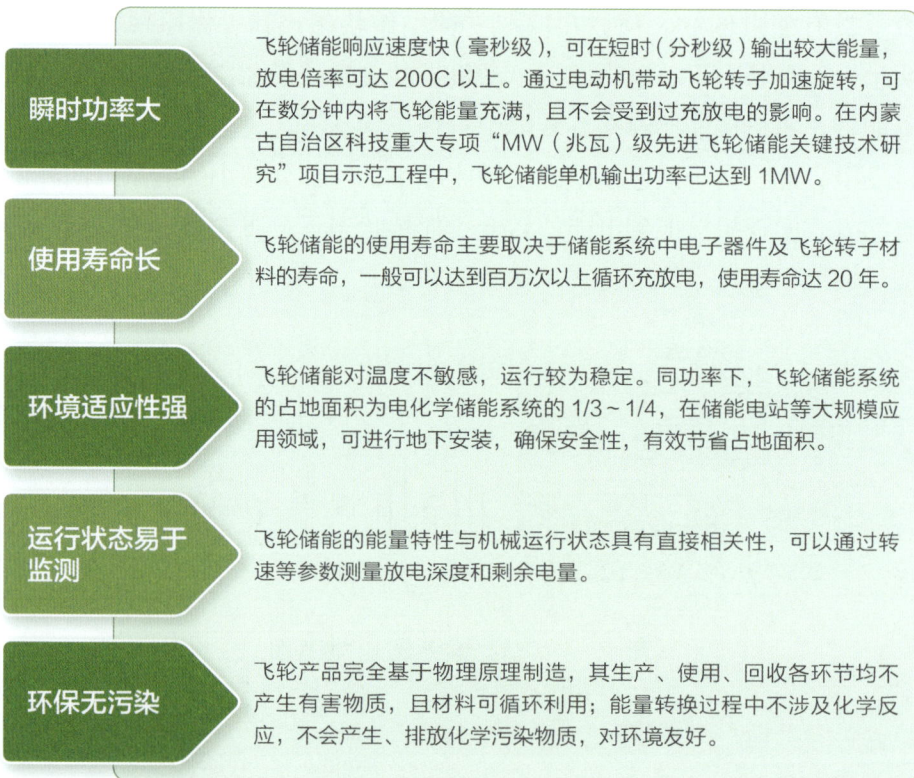

瞬时功率大	飞轮储能响应速度快（毫秒级），可在短时（分秒级）输出较大能量，放电倍率可达 200C 以上。通过电动机带动飞轮转子加速旋转，可在数分钟内将飞轮能量充满，且不会受到过充放电的影响。在内蒙古自治区科技重大专项"MW（兆瓦）级先进飞轮储能关键技术研究"项目示范工程中，飞轮储能单机输出功率已达到 1MW。
使用寿命长	飞轮储能的使用寿命主要取决于储能系统中电子器件及飞轮转子材料的寿命，一般可以达到百万次以上循环充放电，使用寿命达 20 年。
环境适应性强	飞轮储能对温度不敏感，运行较为稳定。同功率下，飞轮储能系统的占地面积为电化学储能系统的 1/3～1/4，在储能电站等大规模应用领域，可进行地下安装，确保安全性，有效节省占地面积。
运行状态易于监测	飞轮储能的能量特性与机械运行状态具有直接相关性，可以通过转速等参数测量放电深度和剩余电量。
环保无污染	飞轮产品完全基于物理原理制造，其生产、使用、回收各环节均不产生有害物质，且材料可循环利用；能量转换过程中不涉及化学反应，不会产生、排放化学污染物质，对环境友好。

目前，飞轮储能技术还存在一些不足，如能量密度低，放电持续时间短，飞轮转子高速旋转存在安全隐患。同时，飞轮储能虽然充放电效率较高，但若长期处于热备用状态，自耗电较大，计及厂用电后的系统效率将较低。

随着现代电力电子技术、磁悬浮技术和新材料技术的发展，飞轮储能将为满足电力系统短时、大功率、高频次储能需求和解决环境污染问题贡献重要力量。

91　飞轮储能由哪些结构组成？

飞轮储能系统主要由飞轮转子、轴承系统（机械轴承、电磁轴承等）、电机系统（电机转子、定子等）、电能变换器、真空室、冷却系统（水冷机组、水套等）等本体结构和监测系统等关键部分构成，本体结构如图 10-2 所示。

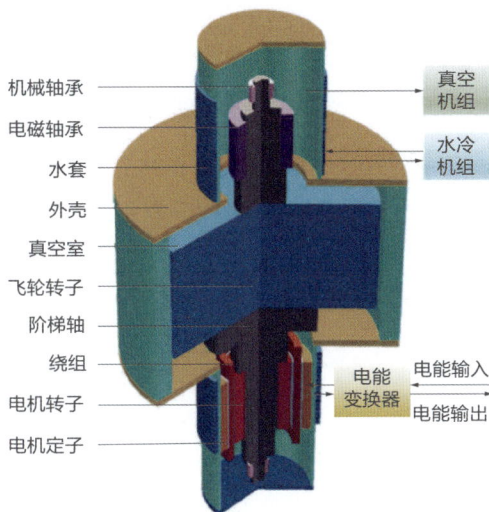

图 10-2　飞轮储能本体结构示意图

来源：焦渊远，王艺斐，戴兴建，等 . 飞轮储能系统电机转子散热研究进展

▶ 飞轮转子

飞轮转子是飞轮储能系统中能量存储的载体，通过转速的变化实现机械能的存储和释放。飞轮转子结构的设计既要满足旋转强度要求，也要提高飞轮的储能密度。飞轮转子一般采用合金钢、复合材料等，其形状主要有单层和多层圆柱状、环状、纺锤状、伞状、实心圆盘等。

▶ 轴承系统

轴承的作用是支撑转子安全稳定旋转，同时减小飞轮旋转过程中产生的摩擦阻力。飞轮储能轴承系统一般采用机械轴承、磁悬浮轴承、混合轴承等，低损耗轴承是高效飞轮的关键技术之一。

▶ 电机系统

飞轮储能时，电机作为电动机带动飞轮旋转，释放能量时，电机则作为发电机对外供电，从而实现能量在机械能和电能之间的转换。飞轮储能系统对电机的要求是高速性能好、效率高、空载损耗极低、体积小、易维护，真空环境下电机转子的损耗小、散热好、机械强度高，并且能够在较大的转速范围运行。目前应用于飞轮储能系统的电机主要有永磁同步电机、开关磁阻电机、异步电机、永磁无刷直流电机。永磁电机结构简单，调速范围宽，效率高，转子损耗低，在飞轮储能系统中应用最广泛。

▶ 电能变换器

飞轮在储存和释放电能过程中，转速在不断变化，电动－发电机组的转速也随之变化，因此必须配备一个电力转换装置以使飞轮系统能和电网相联。电能变换器本质是一个双向的功率变换器，其由电机侧变流器和电网侧变流器两部分组成，两者协同工作确保能量的高质量传输，需满足可靠性好、转换效率高、控制简单易于实现等要求。随着电力电子技术的发展和新的功率器件 IGBT 和 IGCT 的应用，使得电力变换电路转换效率和器件开关频率更高，导通损耗更小，进一步提升飞轮储能系统的功率密度。

真空室

真空室用于维持飞轮转子的真空环境，从而降低空气阻力带来的摩擦损耗，提高其运行效率，同时在飞轮装置发生故障时，起到安全防护作用。真空的获得与维持一般靠小型真空泵配合高密封。真空的获得相对容易，而保持相当困难。

冷却系统

冷却系统主要功能是维持飞轮转子、轴承以及电机定子保持在工作温度内，为飞轮系统稳定工作提供低温环境，防止磁轴承、电动发电机等设备在工作时发热造成设备功能损坏。现有电机定子冷却手段主要有水冷、油冷、热管冷却及相变冷却等；电机转子冷却手段主要有填充惰性气体增强对流换热、转子轴孔内油冷、扩展表面强化辐射换热等；磁悬浮轴承散热主要有电磁轴承散热（可与电机共用冷却系统）及高温超导磁悬浮轴承冷却（低压氦气直接接触冷却）。

监测系统

监测系统对飞轮转子的振动、转速以及磁轴承、电机的定子温度和真空系统真空度进行实时监测，防止飞轮故障运行引起安全事故。

92 飞轮转子常用材料有哪些?

高速旋转的转子是飞轮储能实现高能量存储的关键部件之一,直接关系到储能的功率和能量密度。飞轮转子的储能密度与其材料的比强度呈正比,因而材料的比强度越高,转子的储能密度越高。

目前飞轮转子材料主要有高强度钢、铝合金等金属材料,以及玻璃纤维、碳纤维、芳纶纤维和石墨纤维等复合材料,飞轮转子常用材料技术指标如表 10-1 所示。金属材料飞轮主要考虑本质安全设计、成品质量,其制作工艺相对成熟,价格低廉,但存在储能密度低的不足。复合材料的各向异性、基体材料的粘弹特性、材料层间的几何不连续性、加载方向与裂纹扩展的不一致性以及层间应力传递的复杂性,会导致飞轮因发生分层而失效,大大限制其安全性。为发挥复合材料纤维方向强度高的特点,同时避免其横向强度低的局限性,以及弥补复合材料缠绕加工工艺较复杂、不易制作形状复杂飞轮转子的不足,复合材料飞轮转子较多地采用环向缠绕的、等厚度、多层圆环结构。

表 10-1 飞轮转子常用材料技术指标

转子材料类别	使用场景	强度（GPa）	典型密度（kg/m³）	材料典型许用系数 K_m	最大储能密度（Wh/kg）	单机功率范围（kW）	单机储能量主要范围（MJ）	转速范围（r/min）
高强铝合金	中低速飞轮	0.6	2850	0.9	52.6	250~3000	10~200	3000~20000
高强度合金钢		2.4	7850	0.9	76.4			
玻璃纤维/树脂	高速飞轮	1.8	2150	0.6	140.0	100~333	2~90	10000~52000
T700纤维/树脂		2.1	1650	0.6	212.0			
T1000纤维/树脂		4.2	1650	0.6	424.0			

材料上的一系列新应用，使飞轮的线速度从百米每秒提升到了千米每秒，转速从每分钟千转提升到万转乃至十万转，未来将根据功率和储能容量个性化地定制飞轮转子。

93 飞轮储能轴承有哪些技术路线？

飞轮的轴承系统主要起到减小运行摩擦和支撑的作用，采用不同的技术路线将影响飞轮转速和能量转换效率。按工作原理不同，飞轮的轴承系统可分为机械轴承和磁悬浮轴承两类。

▶ 机械轴承

机械轴承（如图 10-3 所示）是最早的轴承类型，主要有滚动轴承、滑动轴承、陶瓷轴承和挤压油膜阻尼轴承等，其中滚动轴承和滑动轴承通常用作飞轮系统的保护轴承，后两者则应用在特定的飞轮系统中。机械轴承技术成熟、结构紧凑、成本低，但摩擦大、损耗高、高速承载力低，转速通常低于 10000r/min，适用于短时间充电的飞轮储能系统。

图 10-3 机械轴承

▶ **磁悬浮轴承**

由于机械轴承存在机械接触带来发热、磨损、润滑以及维护等不可回避的问题，科研人员开始研究非接触轴承以用于飞轮储能系统。磁悬浮轴承出现在 20 世纪 80 年代，其利用磁力实现无接触的承载飞轮。磁悬浮轴承可按有无磁力控制，分为主动轴承（又称为电磁轴承）和被动轴承（包含永磁轴承和超导磁轴承）。

电磁轴承（如图 10-4 所示）主要由转子、位置传感器、控制器和执行器组成，其中执行器包括电磁铁和功率放大器两部分。电磁轴承采用反馈控制技术，通过控制电磁线中的电流大小产生电磁力，对主轴在轴向和径向进行定位，使飞轮转子稳定悬浮在平衡位置。与传统机械轴承相比，电磁轴承具有噪声低、刚度高、转子摩擦损耗低、控制能力优、寿命长等优点，因而被广泛使用。但电磁轴承的功率放大器损耗较高，轴承设计和控制复杂。与机械轴承联合使用可以降低电磁轴承控制的复杂性，并使系统可行、经济，且更趋稳定。

图 10-4　电磁轴承
来源：德国舍弗勒集团

　　永磁轴承（如图 10-5 所示）利用永磁体同性相斥的原理实现轴承定、转子之间径向或轴向悬浮。永磁轴承通常由一对或多个永磁磁环在径向或轴向排列而成，最大特点是无需电源、损耗小、成本低。根据恩绍（Earnshaw）定理，永磁轴承本质上是不稳定的，需要至少在一个方向上引

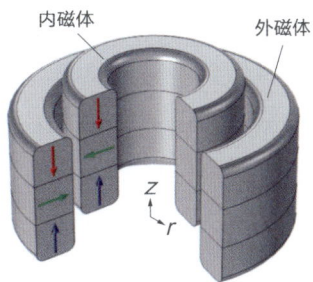

图 10-5　永磁轴承

入外力（如机械力、电磁力等），因此需要与机械轴承、超导磁轴承等其他类型轴承联合使用。

　　超导磁轴承（如图 10-6 所示）是高温超导飞轮储能系统的核心部件。其基本原理是高温超导体和永磁体间电磁相互作用的轴对称模型，利用超导体的抗磁性和钉扎性实现转子悬浮，一般用高温超导氧化钇钡铜块材作定子，常规永磁体作转子。超导磁轴承具有自稳定、摩擦损耗低、寿命长等优点，但系统对低温制冷机的需求增加了体积和成本。

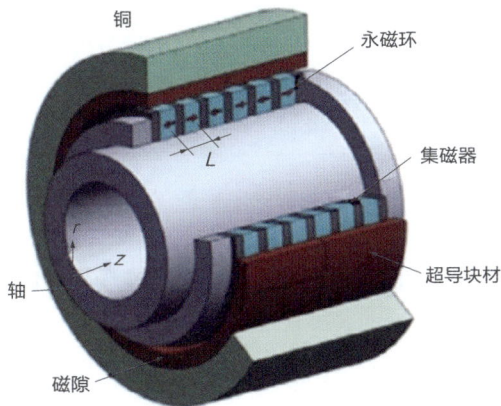

图 10-6　超导磁轴承

来源：肖立业，古宏伟，王秋良，等．YBCO 超导体的电工学应用研究进展

　　目前永磁加电磁结构的磁悬浮轴承和永磁加超导的磁悬浮轴承组合

而成的非接触轴承研究成为热点，其中永磁加电磁结构集成了永磁和电磁两种技术各自的优势，将磁悬浮轴承的性能进一步提升，功耗进一步降低。当前，永磁加超导的悬浮性能还不够稳定，同时存在结构复杂和造价过高的问题。

不同技术路线的飞轮轴承各有优势，具体情况如表 10-2 所示。

表 10-2　飞轮轴承技术路线对比表

轴承类别	优点	不足	技术关键点
机械轴承	结构简单	机械接触带来发热、磨损、润滑以及维护等问题	—
电磁轴承	无机械接触，可超临界工况工作，环境适应性强	设计复杂，控制技术要求较高，维护复杂	控制环节
永磁轴承	结构相对简单，研究相对成熟	仅用永磁体无法实现各方向的稳定悬浮	—
超导磁轴承	潜在前景广阔	结构复杂，配套温控装置体积大，造价高昂，耗能严重	轴承稳定性；轴承刚度问题
无源电动磁悬浮轴承	潜在前景广阔，无须考虑主动磁悬浮轴承的控制问题	配套温控装置结构复杂、造价昂贵，耗能严重	旋转场合应用
混合磁轴承	应用场景广阔，可解决各方向的稳定悬浮问题	性能相对稳定，结构复杂，损耗较大，寿命有限	控制环节

94　飞轮储能电站如何获得较大的功率和能量？

飞轮储能储存能量 E 的大小主要与飞轮转子的转动惯量 J 和角速度 ω 相关，其中转动惯量又与飞轮转子的质量 m 和半径 r 相关，即

$$E = \frac{1}{2} J\omega^2 , \quad J = mr^2$$

为获得更大飞轮储能能量，可考虑提高飞轮转子的转动惯量 J 或角

速度 ω。提高转动惯量需要采用大直径和大质量的飞轮转子，但单纯提高质量而使用沉重的飞轮转子在高速旋转时容易产生极大的离心力，超过飞轮转子材料极限强度就会出现较大的安全隐患。

提高角速度 ω 可通过提升轴承技术和真空技术水平实现。一方面，通过更优的磁悬浮控制技术使轴承在高速旋转中保持可靠性、承载力，提高可应许的角速度上限；另一方面，通过提高真空度和真空散热，减少飞轮高速转动中的风阻（摩擦力），提高角速度。实际上，转子角速度上限值由材料的抗拉强度决定，每单位质量的可储存能量与允许拉伸应力及材料密度之比呈正比，因此飞轮转子通常使用低密度、高抗拉强度的材料。

现阶段，单台飞轮储能系统的功率已达到 1MW，储能量从几十千瓦时到百余千瓦时不等。在实际工程应用中，为了获得更大的功率和能量，需要将多台飞轮储能系统组合成飞轮阵列储能系统，这是推动飞轮储能系统迈向大容量商业化应用的关键技术。通过储能系统的阵列技术，已实现放电时间从十秒级到十五分钟级，储能量从千瓦时级向兆瓦时级的跨越。

95　如何平衡飞轮储能风阻和散热问题？

飞轮储能运行过程中存在风阻，将增大运行损耗，降低运行效率，需要加以控制。提高飞轮转子所处腔室的真空度可降低风阻，但随着真空度的增加，飞轮的整体温度会因散热性能的下降而上升，同样会降低材料性能和系统运行效率。因此，如何在真空度和散热性能之间选取最优平衡，是真空与冷却系统需要解决的重要问题。

目前主要采用氦气充填腔室来解决此问题。因为同等压力下，氦气导热能力为空气的 7 倍，而产生的风阻仅为空气的 1/7，在飞轮低速旋转条件下，使用氦气环境会有效平衡风阻损耗和散热性能。

另外，也可以考虑飞轮转子增加冷却措施来平衡风阻和真空散热问题，如喷洒冷却液等。需要注意的是，转子所在的真空室内需要由连接着外壳壳体的真空泵来控制真空度，而冷却剂通道带来的贯穿孔破坏了真空室的整体性。由于飞轮转子处于高速旋转的状态，因此普通的机械密封方式难以解决这一问题，需要采用高速旋转密封接头、二氧化碳间隙密封的非接触式密封形式，依靠间隙内黏性介质的黏性摩擦力所带来的阻力来阻止密封介质外泄。

96 飞轮储能有哪些典型应用？

飞轮储能具有功率密度高、循环寿命长、效率高等优点，已在电网调频、不间断供电电源、能量回收等领域广泛应用。

在电网调频方面，国内外已有兆瓦级飞轮储能调频工程建成，且单项工程规划建设规模走向百兆瓦级别。美国 Beacon Power 公司于 2011 年在美国纽约和宾夕法尼亚分别建设 20MW 飞轮调频电站，调频准确率在 90% 以上。2020 年 7 月，山西省龙源电力山西老千山风电场，首次采用飞轮 + 锂电混合储能的方式参与调频。2021 年，国家能源集团宁夏灵武发电有限公司采用 22MW/4.5MWh 飞轮储能耦合煤电机组调频，是当时全球规模最大的全容量飞轮储能 – 火电联合调频示范工程。2024 年 9 月 3 日，我国首座电网侧飞轮储能调频电站，鼎轮能源科技（山西）有限公司 30MW 飞轮储能项目（如图 10-7 所示）成功并网发电。

在不间断供电电源（uninterruptible power supply，UPS）方面，利用飞轮储能作为 UPS 的储能器件，可在瞬间启动，为负荷提供数十秒的高质量短时电力保障，且使用寿命长。飞轮 UPS 在国内外有成熟的产品应用，如德国 Piller、美国 Active Power，国内包括沈阳微控、北

图 10-7　山西 30MW 飞轮储能独立调频电站

来源：深能南京能源控股有限公司

京泓慧能源等，其产品主要应用于应急电源车、应急电源柜等。沈阳微控在氢能源发电车上部署 XXT 450kW 飞轮产品，用于 2022 北京冬奥会开幕式及各赛事场馆应急电源保障，实际充放电达到了 700 多次，充放电测试和实际应用已经达到 1800 多小时。

在能量回收方面，轨道交通、石油钻井等行业利用飞轮储能产品可对制动能量进行回收，启动时再利用，在节电的同时避免了对电网的功率冲击，同时可延长设备使用寿命。

97　飞轮储能未来发展趋势如何？

飞轮储能已经作为一类调频资源应用于电力系统。未来，飞轮储能将向着更高能量密度、更高安全性、更大规模和更广泛应用方向发展。

设备本体的优化将持续推动飞轮储能向高转速低损耗大规模方向发展

　　未来将在磁悬浮轴承、高强度复合材料和电力电子等关键技术领域开展研究，改进飞轮转子的材料选择、结构设计、制作工艺及装配工艺，提高转速，进而提升功率和能量密度；研究新型超导磁悬浮技术等降低飞轮电机轴系损耗，优化系统结构设计，提高飞轮储能效率和安全性，飞轮储能单体规模向着 5MW 及以上发展，叠加规模化应用，其成本有望大幅降低。

阵列式系统集成技术将是实现飞轮储能大规模工程应用的关键

　　将多台模块化的飞轮储能单元并联起来组成飞轮阵列储能系统，是获得大容量、高功率飞轮储能系统的解决方案，储能阵列相关设计方法、拓扑结构、控制策略等阵列式集成技术的持续突破将助力飞轮储能实现大规模、商业化应用。

面向电力系统的飞轮储能产品将逐步覆盖多应用场景

　　飞轮储能的高瞬时功率、高响应速度、高调节精度、高循环次数、短持续放电时间等特点，满足系统调频、惯量支撑、爬坡及机械能回收等秒级和分钟级应用需求，将是短时高频储能技术的典型应用。飞轮储能可以独立或与火电机组、锂离子电池等联合参与电网一次调频、二次调频，还可用于不间断电源。

第十一章

电磁储能和热能式储能

98　什么是超导储能？

超导储能利用超导线圈将电能以磁场能形式储存，因超导线圈零电阻特性，超导线圈中的电流几乎无衰减，从而可以实现磁场能的无损耗储存。目前，超导储能应用形式主要有两种，一种是超导磁储能（superconducting magnetic energy storage，SMES），另一种是超导飞轮储能，此处仅介绍超导磁储能。

当前，超导磁储能的研究与开发在国内外受到了广泛的关注，其原理是利用多组由超导带材绕制的超导线圈，以串并联相结合的方式做成储能线圈，当电流通过线圈时会产生强度很高的磁场，由于超导零电阻载流特性，磁场能可以长时间无损耗储存。有关研究表明，低温闭合超导线圈内电流衰减时间可长达十万年之久，基本可认为能量实现了无损耗储存。由于无需进行能量形式的转换，超导磁储能具有效率高、响应速度快、响应功率高、有功无功调节灵活的特点。

超导磁储能主要由超导线圈、低温系统、功率系统、保护系统以及监控系统 5 部分组成，其结构原理如图 11-1 所示。

20 世纪 70 年代，美国威斯康辛大学 H. Peterson 和 R. Boom 发明了一种由超导线圈与格里茨桥路组成的电能存储系统，是最早的超导储能技术方案。20 世纪 80 年代，美国和日本率先研发出小型超导磁储能产品，储能线圈使用低温超导材料制作而成。随着高温超导材料的广泛应用，1997 年美国超导公司研制出一台 5kJ 的超导磁储能系统，超导线圈采用铋系高温超导带材，随后世界各国竞相投入到高温超导储能系统的研发当中。随着钇系高温超导带材（YBCO）的制备取得进展，以之为主的超导磁储能也慢慢成为主流。我国超导储能研究虽然起步较晚，但也取得了良好的试验成果，2011 年甘肃白银建成了世界首座超导变电站（运行电压等级 10.5kV），变电站内集成了一台 10.5kV/1MJ/0.5MW 的高温超导储能系统；2017 年，一台高温超导储能系统在甘肃酒泉某风电场投入示范运行。

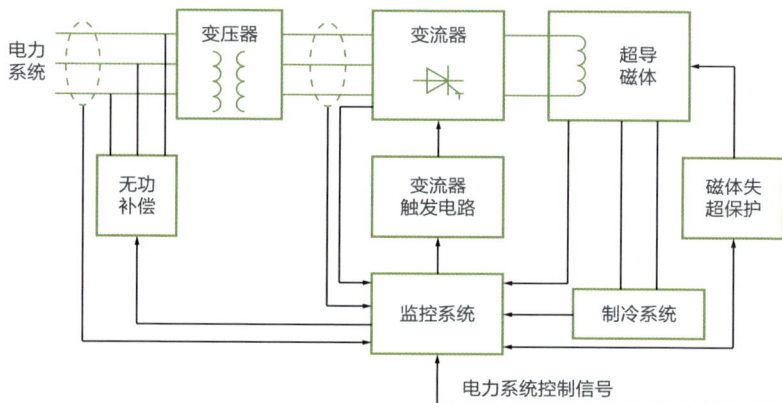

图 11-1　超导磁储能系统结构原理示意图

来源：曹雨军，夏芳敏，朱红亮，等．超导储能在新能源电力系统中的应用与展望

在应用过程中，超导磁储能面临以下挑战：一是超导磁储能技术所采用的超导材料制作成本较高，且需要超低温和高纯度的制造条件，制造难度大；二是超导储能系统需要低温环境和制冷系统维持运行，系统运维成较为复杂。

99　什么是超级电容储能？

　　超级电容器是一种性能介于物理电容器和蓄电池之间的储能器件，其至少有一个电极主要是通过电极－电解液界面形成的双电层电容或电极表面快速氧化还原反应形成的赝电容实现储能。超级电容器一般由活性材料（电极）、集流体、电解液及隔膜构成，如图 11-2 所示。与传统蓄电池相比，超级电容器因具有较高的功率密度及快速充放电能力受到了关注。

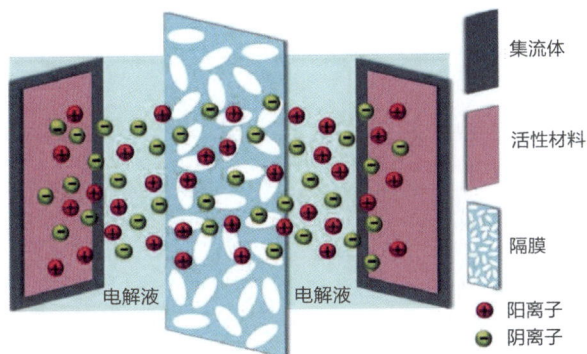

集流体

活性材料

隔膜

⊕ 阳离子

⊝ 阴离子

电解液　　电解液

图 11-2　超级电容器结构示意图

来源：石文明，刘意华，吕湘连，等.超级电容器材料及应用研究进展

　　根据储能与转化机制的不同，可将超级电容器分为双电层电容器（electric double layer capacitors，EDLCs）、法拉第电容器（又叫赝电容器，pseudo-capacitors，PCs）以及混合电容器（hybrid super capacitors，HSCs）。

　　EDLCs 采用高比表面积材料作为电极主要材料，通过极化电解液形成双电层来储能，无法拉第反应，在恒流充放电过程中其电压与时间的关系曲线近似于线性，最低可放电至 0V，其结构如图 11-3 所示。EDLCs 由于电极上不发生法拉第反应，以双电层－双电层为主要机制，电极上不发生化学反应与相变过程，因此，其能量转换不受电化学

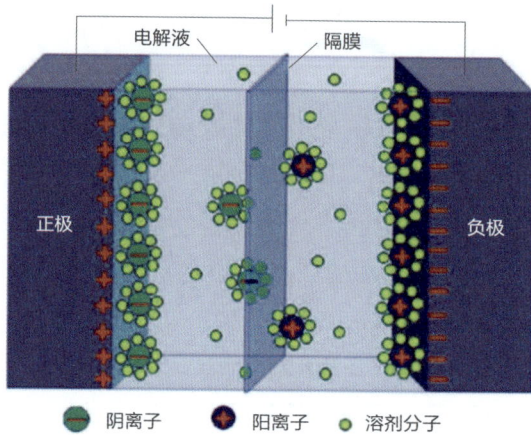

图 11-3 双电层电容器结构示意图

来源：石文明，刘意华，吕湘连，等．超级电容器材料及应用研究进展

动力学限制，电荷存储不依赖化学反应速率，离子扩散速度远大于电池中化学反应速率，在大电流充放电过程中也有高度的可逆性，具有以下几方面性能特点：功率密度高，可实现能量的快速释放和吸收；充放电时间短，可完成几十秒内充放电；循环寿命长，可充放电循环百万次；电解液选择范围大；工作温度范围大，可在 $-40 \sim 65℃$ 环境下工作。

PCs 以金属氧化物或导电聚合物作为电极。充电时，在电极和电解液表面发生快速的氧化还原反应或法拉第过程，电极材料的氧化还原电位发生改变，两电极之间产生电势差，形成电容效应；放电时，电极与电解液发生与充电过程相反的逆反应，两电极间电势差降低，实现放电，其结构如图 11-4 所示。PCs 具有高能量密度、快速充放电等突出优势。然而，其循环稳定性不佳、电极老化问题以及制作工艺复杂等因素限制了其广泛应用。

HSCs 通常是由双电层电极和赝电容器电极组成的混合系统，其一极是双电层，另一极是非完全双电层，其结构如图 11-5 所示。HSCs 综合性能优异，是新型的非对称储能装置，既有 EDLCs 的快速充放电特性，又有 PCs 的高比电容特性，工作电位窗口更宽，器件整体的环境

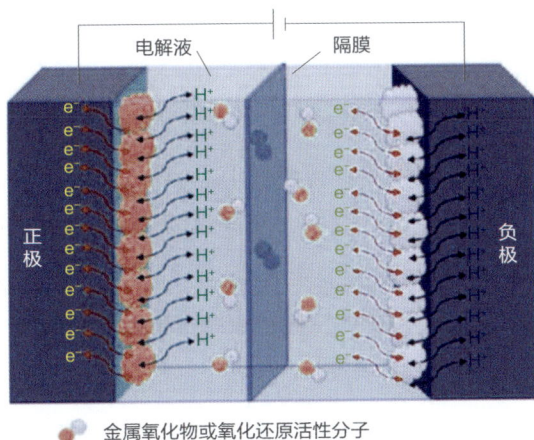

金属氧化物或氧化还原活性分子

图 11-4　赝电容器结构示意图

来源：石文明，刘意华，吕湘连，等.超级电容器材料及应用研究进展

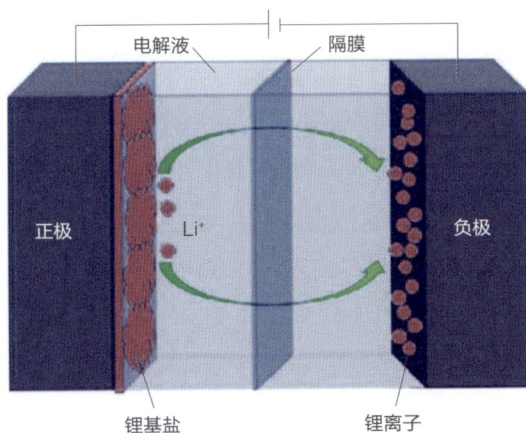

图 11-5　混合电容器结构示意图

来源：石文明，刘意华，吕湘连，等.超级电容器材料及应用研究进展

适应性更强，有望满足人们对高性能电容器的需求。

　　电极材料是决定超级电容器电性能的关键因素，学术界对电极材料的研究逐渐从碳基材料向过渡金属及其氧化物、导电聚合物和复合材料（包括合金材料）发展。尽管超级电容器具有功率密度大、充放电速率快、可塑性强等优点，但较低的能量密度仍然是当前限制其广泛应用的

235

关键因素。因此，研制出高比面积、高比电容的电极材料，以提高超级电容器能量密度、减小超级电容器体积，仍是提高超级电容器性能的主要发展方向。

目前，超级电容在电力储能领域已有一定的工程应用，包括电源侧调频（如华能集团福建罗源电厂 5MW 超级电容 +15MW 锂离子电池混合储能调频系统）、电网侧调频（如国网江苏省电力有限公司自主研制的变电站超级电容微储能装置）、用户侧储能〔如连云港港口 35kV 庙岭岸电储能系统（4MW/4MWh 锂离子电池储能系统 +1MW × 15s 超级电容储能系统）〕等方面。未来，超级电容将发挥其短时高功率充放电及长寿命优势，在电力系统辅助调频、电能质量改善方面获得应用。

100　储热技术有哪些？

储热技术指以储热材料为介质，将太阳能、调峰热能、地热、工业余热、低品位废热等热能储存起来，需要时进行再利用。目前，储热技术主要有显热储热、潜热储热（也称为相变储热）和热化学反应储热三种。

▶ 显热储热

显热储热通过加热或冷却储热介质来储存热能，但不发生相变。在工作温度范围内，储存的能量与储能时的温度变化（上升或下降）以及材料的热能容量成正比。

显热储热材料按物态的不同可以分为固态和液态。固态显热储热材料主要有土壤、砂石、混凝土、金属、陶瓷等，目前商业化应用主要有镁砖蓄热和混凝土蓄热。液态显热储热材料有水、导热油、液态金属和熔融盐等。当前，显热储能的材料成本与设备成本较低、技术成熟，是目前较多商业化项目选择的技术路线。

典型案例

河北辛集全球首座熔盐蓄热低谷电供暖项目

该项目于 2016 年投入运行，其主要工作原理是利用夜间低谷电价时段的电能加热熔盐，待顶峰电价时段需要供热时，将熔盐储存的热量放出，通过换热器加热给水并实现供暖。放热后的冷熔盐再储存于储罐中，待到低谷电价时加热，重复循环使用，不仅实现了移峰填谷，又能在一定程度上减少排放。该项目每年可节约燃煤 699t，减少二氧化碳排放 1889t，具有出色的环保效益。

▶ 相变储热

相变储热使用储热材料的相变潜热（通常从固态到液态）的释放与吸收储存热能，具有能量密度高、相变过程温度近似恒定的优点。

根据化学性质不同，相变材料可分为无机、有机和复合相变材料。无机相变材料包括熔融盐、水合盐、金属合金等；有机相变材料包括石蜡、脂肪酸、多元醇以及聚烯烃、聚多元醇等；复合相变材料对传统相变材料进行了改性增强或封装设计，使材料的整体性能满足应用的需求，包含增稠（凝胶）型、胶囊型和定型复合相变材料三类。

采用稳定、高效和生态环境友好的形态稳定相变储热材料，用于建筑围护结构，也可减小建筑物／构筑物的温度波动，从而降低空调或采暖系统负荷，达到节能目的。在电力系统中，该技术可用于调度控制中心、电站集中控制楼等建筑物的温度调节，大型电力设备、机械设备、锂离子电池模组等的热管理等应用场合。

▶ **热化学反应储热**

热化学反应储热技术利用化学变化过程中热量的储存和释放达到热能储存目的，能量密度相比显热和潜热储热更高，可分为可逆反应储热和吸收式储热，其中可逆反应储热本质为储存和释放化学反应工程中分子键的破坏和重组产生的热量。

热化学反应储热材料按温度区间可分为低温和中高温热化学材料。其中，低温热化学材料以水合盐为主，多适用于建筑领域；中高温热化学材料可分为金属氢氧化物体系、氨分解体系和碳酸盐体系等。

澳大利亚国立大学（The Australian National University，ANU）可持续能源系统中心对基于氨的热化学反应储热技术进行了深入研究，设计出了满足 10MW 太阳能光热电站 24h 基荷运行需求的氨基热化学储热系统，并进行了详细的技术经济性能评估。

101 什么是煤电抽汽蓄能？

煤电抽汽蓄能技术是以高温储能系统为基础，与煤电等热力发电机组的热力系统深度耦合的新型储能技术。在机组产热量高于热负荷，或在系统电力盈余时，将多余的热量存储起来，通过减少进入汽轮机的蒸汽量，实现煤电机组的深度调峰；在机组产热量低于热负荷、机组提升出力要求，或在系统电力不足时，可将存储的热能释放，将热能转化为电能或其他形式的能量。还可通过增加小型汽轮机组，增加煤电厂顶尖峰负荷的能力。由此，抽汽蓄能技术通过储存蒸汽热量可实现煤电机组锅炉和汽轮机的"解耦"运行，锅炉和汽轮机可运行于不同负荷率，实现煤电机组的深度调峰和顶峰运行。图 11-6 展示了嵌入高温熔盐储热系统的火电机组工艺流程。

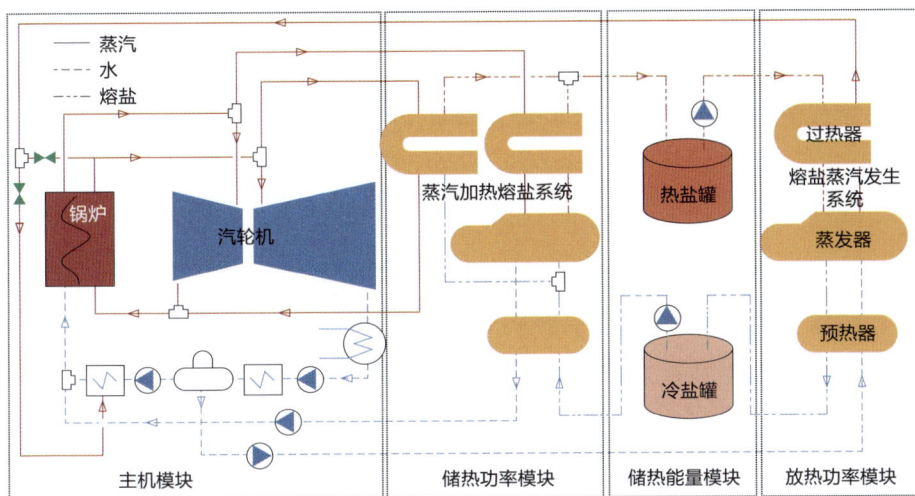

图 11-6 嵌入高温熔盐储热系统的火电机组工艺图

来源：李峻，祝培旺，王辉，等．基于高温熔盐储热的火电机组灵活性改造技术及其应用前景分析

煤电抽汽蓄能技术的储热可以采用熔融盐、混凝土等储热材料，现阶段以熔融盐为主。调节蒸汽量的具体方法为：储热时，在锅炉出口或汽轮机抽汽口抽取高温再热蒸汽，用蒸汽显热加热熔盐进行储热，冷却后的蒸汽可进入汽轮机继续做功，或者进入供热管道满足工业用户蒸汽需求；放热时，将存储的热量转换为高温蒸汽进入汽轮机发电做功或进行供热。

应用案例

华能魏家峁煤电机组耦合蒸汽熔盐储热调峰调频示范项目

2023 年 5 月 15 日，国内首套 660MW 华能魏家峁煤电机组耦合蒸汽熔盐储热调峰调频示范项目在华能魏家峁煤电公司成功投运。该项目采用"熔盐储热 + 热水储热"辅助煤电调峰调频技术，储热容量为 80MWh，机组最低可调峰至 20% 额定负荷，负荷响应速率可增加每分钟 0.5% 额定负荷以上，同步大幅提升机组的调频能力。该项目填补了我国"熔盐储热＋热水储热"辅助煤电调峰调频的技术空白，为煤电机组完成灵活性改造、提升调峰调频能力提供了新的路线。

国能长源荆州热电 100MW/200MWh 抽汽储能（熔盐）项目

该项目入选湖北省 2023 年新型储能电站试点示范项目，项目建成后，储能系统额定功率持续储热时长 2h、放热时长 3h，有效提升煤电机组的调节范围和灵活性，满足区域电网调峰需求，进一步提高能源利用效率。

煤电抽汽蓄能深度调峰主要有以下几点优势：

调峰能力改善明显

煤电抽汽蓄能利用主蒸汽和再热蒸汽加热储换热介质，可以更大规模吸收锅炉产生的富余热量，显著降低煤电机组的最小负荷率，实现煤电机组深度调峰，提高机组运行灵活性。

安全稳定性更高

抽汽蓄能技术避免了高压缸和中压缸进汽量不均产生的轴向机械推力不平衡问题；避免了再热器进汽量不足产生的再热器过热问题，整体的安全稳定性更高。

减少设备损伤

抽汽蓄能技术避免了机组本身的功率和频率频繁波动及设备极低负荷下的受热不均匀，减少了频繁深度调峰对机组和设备造成的损害。

能源梯级利用

抽汽蓄能技术将换热后的主蒸汽送入再热器、换热后的再热蒸汽送入低压缸，避免了蒸汽直接排放造成的能量浪费，实现了热能的梯级利用，提升总体运行效率和收益。

有效利用现有资源

抽汽蓄能技术可利用退役／关停煤电机组，拆除其原有锅炉及其辅机设备，在锅炉场地上新建熔盐储能系统和电加热器，利用低谷电／弃电为热源，将电站改造为储能电站。

102　蓄冷技术有哪些？

冷和热都是能量的一种形式，冷能储存技术可看作热能储存技术的一种特例，通过制冷效应对一些热容量大的物质（例如水、相变材料等）制冷，使其温度尽量降低（甚至结冰）以产生并储存足够的冷量。目前常用的蓄冷技术包括冰蓄冷技术、水蓄冷技术和相变材料蓄冷技术等。

目前，水蓄冷或冰蓄冷技术与传统分布式能源系统耦合应用已到达商业应用阶段。根据用户需求，尽管应用形式不尽相同，但是其设计思路主要有利用余热蓄冷和低谷电蓄冷。余热蓄冷技术是将分布式能源系统余热用于制冷，满足用户冷负荷需求时，将余冷进行冷量储存；在余热制冷不足时，利用蓄冷或备用电制冷机进行供冷。低谷电蓄冷技术是分布式能源余热制冷全部供冷，并在低谷电时进行额外电制冷机制冷储存，在余热制冷不足时，利用蓄冷进行供冷。相变储冷材料、装备和系统研究进展迅速，基于相变材料的冷链运输技术已获得应用。

在蓄冷集成示范方面，北京环球影城建成三联供系统耦合冰蓄冷系统，每年冰蓄冷系统"移峰填谷"的电量可达 6.3GWh；北京用友软件园采用冰储冷技术，为 $18.5 \times 10^4 \, \text{m}^2$ 建筑供热供冷。

第十二章

新型储能政策机制

实现新型储能的高质量发展，既需要技术创新的持续推动，也需要政策机制的保驾护航。持续的技术创新，可不断提升新型储能技术装备性能、降低生产成本、扩大生产规模，为高质量发展提供适用性强的技术选择；体系化的政策支持，可优化新型储能发展的市场环境，加快技术研发和推广应用，提供储能技术产业发展的资源保障。技术装备创新与政策机制保障协同配合，才能筑牢新型储能健康、可持续发展的基础。

本章聚焦国内外支持和推动新型储能发展的政策机制，系统梳理我国新型储能相关政策体系，呈现出新型储能政策不断细化、深化、体系化的演变过程；综合盘点欧美等国际上典型国家和地区的新型储能政策，尤其是储能参与电力市场的相关做法；深入阐述电源、电网和用户侧新型储能商业模式，结合典型案例开展收益分析。

103 我国新型储能政策体系是怎样的？

我国对新型储能产业的战略性布局始于 21 世纪初，与风电、光伏发电等发展需求紧密结合，经过多年发展演进，在国家宏观政策指引下，国家发展改革委、国家能源局等有关部门加强行业引导，聚焦行业管理、协同发展、调度运行、价格机制、市场化发展等关键点，逐步形成新型储能发展的政策框架。2020 年以来，我国新型储能政策体系日趋完善，相关政策措施不断深化、细化、精准化，有效支撑保障了新型储能健康有序、规模化快速发展，为新型储能规模化发展创造了良好的政策环境。

新型储能重大战略部署

2020 年，国家主席习近平在第七十五届联合国大会一般性辩论的讲话中提出碳达峰、碳中和目标后，国家层面高度重视新型储能的发展，在多份国家重大战略文件中对新型储能发展做出部署。

《国民经济和社会发展第十四个五年规划和 2035 年远景目标纲要》将氢能与储能纳入前沿科技和产业变革领域，并提出"推进新型储能技术规模化应用"；《中共中央　国务院关于完整准确全面贯彻新发展理念做好碳达峰碳中和工作的意见》《国务院关于印发 2030 年前碳达峰行动方案的通知》等中央文件要求，加快推进新型储能规模化应用，加快形成以储能和调峰能力为基础支撑的新增电力装机发展机制。2024 年的《政府工作报告》提出要"发展新型储能"，首次将新型储能写入政府工作报告，意味着发展新型储能已成为 2024 年乃至今后相当长时期内，我国经济社会工作的重要任务之一。

新型储能顶层设计

新型储能从研发示范到商业化应用的发展演化过程中，需要国家层面的宏观规划进行引导，明确发展目标和方向。

2017 年，国家发展改革委、国家能源局等五部门出台《关于促进储能技术与产业发展的指导意见》，首次系统部署我国储能技术及产业发展。进入 2020 年，国家能源主管部门针对制约新型储能高质量发展的关键问题，出台多项支持新型储能规模化高质量发展的政策文件，新型储能发展的顶层设计进一步完善。2021 年 7 月，国家发展改革委、国家能源局联合印发《关于加快推动新型储能发展的指导意见》，部署强化规划引导、推动技术进步、完善政策机制、规范行业管理、加强组织领导五个方面十九项任务措施。2022 年 3 月，国家发展改革委、国家能源局联合出台了《"十四五"新型储能发展实施方案》，系统部署推动新型储能规模化、产业化、市场化发展的重点任务，为"十四五"时期新型储能发展提供了顶层设计和全局谋划。

此外，各省（市、区）持续响应《"十四五"新型储能发展实施方案》要求，加大新型储能规划研究力度，江苏、广西等省（市、区）相继出台"十四五"新型储能专项规划或指导意见，各省（市、区）提出的"十四五"新型储能规划目标合计超过 $8 \times 10^7 \, kW$。

▶ 新型储能专项政策

新型储能发展过程中，逐渐暴露出项目管理流程不明确、调度利用率不高、安全事故时有发生、成本疏导困难、标准供给不足等制约行业高质量发展的关键问题。为此，一系列专项政策陆续出台，有效支撑新型储能安全、有序、健康发展。

项目管理专项政策

2021 年 9 月，国家能源局印发《新型储能项目管理规范（暂行）》，明确了国家和地方能源主管部门的责权划分，对新型储能管理程序、规划布局、备案要求、项目建设、并网运行、监测监督等各个环节提出了具体要求。此后，国家能源主管部门先后出台《关于加强电化学储能电站安全管理的通知》《关于加强发电侧电网侧电化学储能电站安全运行风险监测的通知》等文件，细化电化学储能电站安全管理，强化安全运行风险监测及预警，保障电力系统安全稳定运行。

并网调度专项政策

有效的调度和运用是全面释放新型储能综合调节作用的关键和基础。为充分发挥新型储能技术优势，完善新型储能并网及调度运行机制，行业主管部门不断建立、完善相关基础政策和制度。

2021 年 12 月，国家能源局修订《电力并网运行管理规定》《电化学储能电站并网调度协议示范文本（试行）》，正式将新型储能纳入并网主体，推动新型储能并网调度规范化。

2022 年 5 月，国家发展改革委、国家能源局联合印发《关于进一步推动新型储能参与电力市场和调度运用的通知》，对新型储能参与市场的身份、电价、交易机制、调度运营机制等诸多关键问题予以明确，确定了新型储能以市场化发展为主的根本原则。

2024 年 4 月，为进一步规范新型储能并网管理，持续完善新型储能调度机制，国家能源局印发《关于促进新型储能并网和调度运用的通知》，加强新型储能并网和调度运行管理和技术要求，保障新型储能合理高效利用。

市场价格机制专项政策

建立长效的市场和价格机制，是储能健康可持续发展的重要保障。国家和地方持续推进电力市场改革，陆续出台具体的实施细则，建立新型储能的市场机制，探索价格机制。

市场机制方面。当前，多地持续推进电力市场改革，陆续出台具体的实施细则，建立各类市场主体共同参与的现货市场、辅助服务市场和容量补偿机制。现货市场：广东、山东、山西、甘肃等电力现货市场转为正式运行的省份，明确新型储能可作为独立市场主体参与电力现货交易。辅助服务市场：2021 年 12 月，国家能源局修订《电力辅助服务管理办法》，鼓励新型储能、可调节负荷等并网主体参与电力辅助服务。

此后，各地不断丰富辅助服务品种，西北、华东、南方等六个区域，山东、河南、湖南、云南、四川、山西、广东、浙江、甘肃等省份细化了区域辅助服务市场运营规则，形成了有功平衡服务、无功平衡服务、事故应急及恢复服务三大类主要应用。容量补偿：山东对于参与电力现货交易的新型储能电站给予一定的容量补偿，同时依托山东电力交易中心，组织全省范围内新能源项目租赁新型储能容量。

价格机制方面。鉴于新型储能的应用场景广泛、技术发展程度不一、成本较高，国家尚未针对新型储能出台专门的价格政策，但在相关政策提及新型储能价格机制探索与发展方向。2021 年 5 月，国家发展改革委发布《"十四五"时期深化价格机制改革行动方案》，提出建立新型储能价格机制，推动新能源及相关储能产业发展。2022 年 5 月，国家发展改革委、国家能源局印发的《关于进一步推动新型储能参与电力市场和调度运用的通知》明确提出，独立储能电站充电电量不承担输配电价和政府性基金及附加。2024 年 1 月，河北省试行建立独立储能容量电价机制，对于容量原则上不低于 100MW、满功率持续放电时长不低于 4h 储能，给予 100 元 /（kW·年）为上限的容量电价标准，并建立退坡机制，同时明确与市场电价相衔接的充放电电价标准。

科技创新和标准建设专项政策

科技创新方面。2022 年 8 月，科技部等九部门联合发布《科技支撑碳达峰碳中和实施方案（2022—2030 年）》，将新型储能作为重点方向，提出从能源绿色低碳转型支撑、前沿和颠覆性低碳技术、低碳零碳技术示范应用、储能科技创新国际论坛等方面对储能技术创新及推广应用进行攻关。此外，国家"十四五"重点研发计划中，将"智能电网与技术装备"专项改为"储能与智能电网技术"专项，加强对储能研究的支持力度。

标准建设方面。2023 年 2 月，国家标准化管理委员会、国家能源局发布《新型储能标准体系建设指南》，提出充分发挥标准在新型储能产业链供应链中的基础性和引领性作用，构建适应技术创新趋势、满足产业发展需求、对标国际先进水平的新型储能标准体系，到 2025 年，在电化学储能、压缩空气储能、可逆燃料电池储能、超级电容储能、飞轮储能、超导储能等领域形成较为完善的系列标准。

学科建设与人才培养专项政策

为加快建立发展储能技术学科专业，加快培养急需紧缺人才，破解共性和瓶颈技术，教育部、国家发展改革委和国家能源局于 2020 年 1 月联合印发《储能技术专业学科发展行动计划（2020—2024 年）》，部署增设储能技术本科专业、二级学科和交叉学科，完善储能技术人才培养专业学科体系，优化本硕博人才培养结构规模和空间布局，推动建设若干储能技术学院（研究院），建设一批储能技术产教融合创新平台。在这一政策的推动下，全国已有 60 余所高校设立了储能科学相关专业。

2021 年起，西安交通大学、天津大学、华北电力大学、哈尔滨工业大学、重庆大学、中国石油大学（北京）、上海交通大学相继获批国家储能技术产教融合创新平台，采用产学研用融合的协同育人新模式，培养储能产业技术发展所需的"高精尖缺"人才。

2022 年 8 月，教育部、国家发展改革委、国家能源局印发《关于实施储能技术国家急需高层次人才培养专项的通知》，强调要创新产学研协同人才培养模式，增强产业关键核心技术攻关和自主创新能力。

104　国际上典型国家的新型储能政策及商业模式有哪些？

在全球能源绿色转型发展的驱动下，国际社会，尤其是电力市场起步较早的欧美国家，除大力支持储能技术研发之外，还十分注重以市场化方式助力储能在电力系统中的应用，加快推动新型储能参与电力市场。目前，国外支持储能市场发展的措施主要包括提供资金支持和建立市场体制机制两类。

▶ 美国

美国以政府立法为先导，由电力公司助力开发储能市场，充分认可储能作为灵活性调节资源对电力系统运行的作用，从联邦政府层面确保了用户投资建设储能项目的盈利方式。财税支持方面，美国联邦政府层面的财税支持政策主要包括加速成本回收（modified accelerated cost recovery system，MACRS）和投资税收减免（investment tax credit, ITC）两方面。为进一步激励独立储能发展，2021 年 11 月美国众议院通过《Build Back Better》法案，提出 5kWh 以上储能系统最高可享受 30% 的税收减免。2022 年出台的《通货膨胀缩减法案》给储能行业带来更为确定的长期激励措施。ITC 政策首次允许独立储能（3kWh 以上）也可享受 30% 的税收抵免，且分别针对户用储能、工商业储能和表前储能进行补贴。与此同时，2023 年起税收抵免比例由此前的 22% 提升至 30%，且延长至 2034 年后才开始退坡。除此之外，美国各州政府也出台了相应的财税支持政策。市场机制方面，自 2007 年起，美国多次完善电力市场交易机制促进储能参与电力市场，美国联邦能源管理委员会分别于 2007 年和 2008 年发布 890 号法令《防止输电服务中不正当的歧视和偏向性》和 719 号法令《电力市场运行地区的批发市场竞争》，要求区域输电组织 / 独立系统运营商允许储能进入电力批发市场。2011 年发布的 755 号法令《批发电力市场的调频服务补偿》和 2013 年发布的 784 号法令《第三方提供辅助服务以及新型电储能技术的结算和财务报告》和 792 号法令《小型发电机互连协议和程序》对储能参与调频服务作出明确规定，要求各区域市场允许储能参与各类服务市场并获得相应的收益。此外，美国新型储能项目还可以参与容量市场并获得相应收益。

▶ 欧盟

　　欧盟积极出台相关政策，引导能源转型，推动储能产业链本土化。2021 年 7 月，欧盟提出"Fit for 55"计划，明确欧盟地区 2030 年可再生能源发电量达到 40%。2023 年 2 月，欧盟委员会发布《绿色协议产业计划》，拨款 2500 亿欧元资金，用于提高净零技术的竞争力。在该计划之下，欧盟还推出了"创新基金"、《净零工业法案》及《欧洲关键原材料法案》等法规。其中，"创新基金"将在未来十年提供 400 亿欧元资金，支持电池、风能、光伏、电解槽、燃料电池和热泵等关键部件制造，强化净零技术供应链。

▶ 英国

　　英国主要依托其成熟的电力市场机制，为储能参与电力市场交易提供良好的市场环境，并为储能技术创新提供资金支持，推动储能技术商业化规模化发展。在财政补贴方面，英国对于大型储能电站和先进储能技术创新提供了一定的资金支持，其中，英国政府于 2017 年开展法拉第电池挑战计划（faraday battery challenge），于 2020 年提出"绿色工业变革十项关键计划"。在参与市场方面，储能项目可通过参与辅助服务、容量市场、峰谷套利等获取相应收益，其中，储能单独参与容量市场的收益较低，可通过同时参与其他电力市场以提高收益；在辅助服务方面，英国储能项目主要参与固定频率响应和增强频率响应等服务；在峰谷套利方面，英国日前市场的平均价差显著提高，且储能价格不断下降，独立储能或新能源配套储能通过平衡单元等负荷聚合商参与日前市场和平衡市场，已基本具备盈利能力。

▶ **澳大利亚**

澳大利亚为了促进储能的快速发展，在财税支持、市场机制和发展规划方面制定了较为全面的支持政策，且澳大利亚政府对户用光储的补贴力度较大，因此户用储能的发展规模明显快于大型储能。财税支持方面，2012 年成立的澳大利亚可再生能源署，为可再生能源技术从早期的实验室技术创新到商业领域的规模化应用提供资金支持；在户用光储和储能方面，能源市场委员会通过上网电价为家庭建设户用光伏提供补贴。市场机制方面，用户储能通过峰谷套利、虚拟电厂等方式参与市场并获取收益，而大型储能项目则通过参与国家电力市场盈利，如参与辅助服务市场和电力现货市场。

105 我国新型储能有哪些商业模式？

行之有效的商业模式是解决新型储能项目成本疏导不畅的关键。结合当前应用场景，可将新型储能的商业模式概括为电源侧新型储能商业模式、电网侧新型储能商业模式、用户侧新型储能商业模式。

现阶段，我国新型储能的收益来源大致可归纳为 3 大类 14 小类，其中三大类包括直接收入、间接收入和政府支付，具体如图 12-1 所示。新型储能在电源侧、电网侧和用户侧等场景收入来源既有共性也有其特殊性，其中电源侧储能主要体现为间接收入，主要包括新能源转移支付，偏差损失回收等，独立储能及共享储能主要体现为直接收入，包括峰谷价差收入、电力辅助服务收入、容量补贴收入、容量租赁（仅共享储能）收入等，用户侧储能商业模式主要有峰谷差价收入、电力负荷需求侧响应收入等。不同应用场景下的新型储能收入来源见表 12-1。

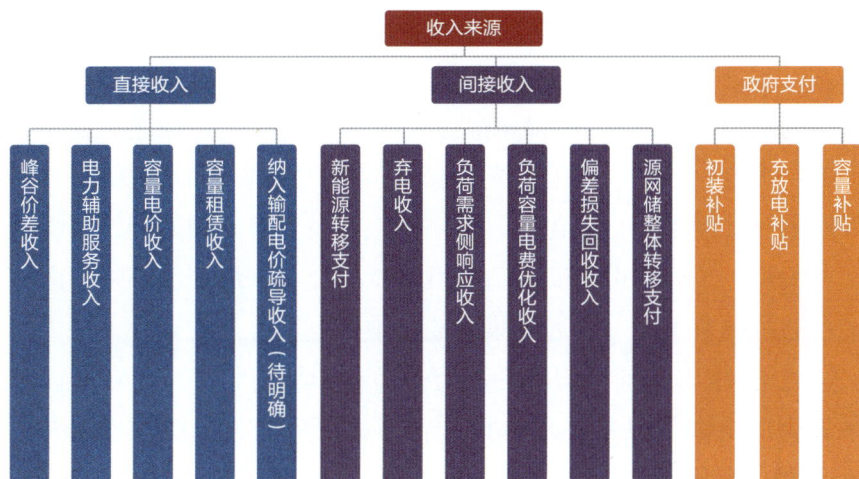

图 12-1　现阶段国内新型储能收益来源图

表 12-1　不同应用场景下的新型储能收入来源

应用场景	电源侧储能		电网侧储能			用户侧储能
	新能源 + 储能	火电 + 储能	独立储能	共享储能	电网替代型储能	一般工商业 / 大用户 + 储能
收入来源	弃电收入；新能源转移支付；偏差损失回收；初装补贴	电力辅助服务	峰谷价差收入；电力辅助服务收入；容量电价；初装补贴；充放电补贴；容量补贴收入	峰谷价差收入；电力辅助服务收入；容量租赁收入；初装补贴；充放电补贴；容量补贴收入	纳入输配电价疏导收入（待明确）	峰谷价差收入；电力辅助服务；电力负荷需求侧响应；电力负荷容量电费优化收入（大用户）；初装补贴

106　我国新型储能可参与哪些辅助服务？

国家能源局于 2021 年 12 月修订发布了《电力并网运行管理规定》（以下简称《规定》）、《电力辅助服务管理办法》（以下简称《办法》），在原文件主要针对传统发电厂的基础上，新增了对新型储能、负荷侧并网主体等的并网技术指导及管理要求，将辅助服务主体范围扩大，首次将新型储能纳入并网主体参与辅助服务。

《办法》中所称电力辅助服务是指为维持电力系统安全稳定运行，保证电能质量，促进清洁能源消纳，除正常电能生产、输送、使用外，由火电、水电、核电、风电、光伏发电、光热发电、抽水蓄能、自备电厂等发电侧并网主体，电化学、压缩空气、飞轮等新型储能，传统高载能工业负荷、工商业可中断负荷、电动汽车充电网络等能够响应电力调度指令的可调节负荷（含通过聚合商、虚拟电厂等形式聚合）提供的服务。《办法》将电力辅助服务的种类分为有功平衡服务、无功平衡服务和事故应急及恢复服务 3 大类 11 个品种，其中新型储能可参与 3 大类 10 个品种，具体品种与定义如表 12-2 所示。

表 12-2　电力辅助服务具体品种与定义

电力辅助服务分类	具体品种	辅助服务定义	新型储能是否参与	补偿方式
有功平衡服务	一次调频	指当电力系统频率偏离目标频率时，常规机组通过调速系统的自动反应、新能源和储能等并网主体通过快速频率响应，调整有功出力减少频率偏差所提供的服务	是	义务提供、固定补偿、市场化方式（集中竞价、公开招标/挂牌/拍卖、双边协商）
	二次调频	指并网主体通过自动功率控制技术，包括自动发电控制、自动功率控制等，跟踪电力调度机构下达的指令，按照一定调节速率实时调整发用电功率，以满足电力系统频率、联络线功率控制要求的服务	是	
	调峰	指为跟踪系统负荷的峰谷变化及可再生能源出力变化，并网主体根据调度指令进行的发用电功率调整或设备启停所提供的服务	是	
	备用	指为保证电力系统可靠供电，在调度需求指令下，并网主体通过预留调节能力，并在规定的时间内响应调度指令所提供的服务	是	
	转动惯量	指在系统经受扰动时，并网主体根据自身惯量特性提供响应系统频率变化率的快速正阻尼，阻止系统频率突变所提供的服务	是	
	爬坡	指为应对可再生能源发电波动等不确定因素带来的系统净负荷短时大幅变化，具备较强负荷调节速率的并网主体根据调度指令调整出力，以维持系统功率平衡所提供的服务	是	

续表

电力辅助服务分类	具体品种	辅助服务定义	新型储能是否参与	补偿方式
无功平衡服务	自动电压控制	指利用计算机系统、通信网络和可调控设备，根据电网实时运行工况在线计算控制策略，自动闭环控制无功和电压调节设备，以实现合理的无功电压分布	是	义务提供、固定补偿、市场化方式（包括公开招标/挂牌/拍卖、双边协商等）
	调相	指发电机不发出有功功率，只向电网输送感性无功功率的运行状态，起到调节系统无功、维持系统电压水平的作用	否	
事故应急及恢复服务	稳定切机	指电力系统发生故障时，稳控装置正确动作后，发电机组自动与电网解列所提供的服务	是	
	稳定切负荷	指电网发生故障时，安全自动装置正确动作切除部分用户负荷，用户在规定响应时间及条件下以损失负荷来确保电力系统安全稳定所提供的服务	是	
	黑启动	指电力系统大面积停电后，在无外界电源支持的情况下，由具备自启动能力的发电机组或抽水蓄能、新型储能等所提供的恢复系统供电的服务	是	

来源：国家能源局.电力辅助服务管理办法

　　国家能源局各派出机构根据《办法》规定，结合当地电网运行需求和特性，按照"谁提供、谁获利；谁受益、谁承担"的原则，确定各类电力辅助服务品种、补偿类型并制定具体细则。具体到新型储能，调峰、调频是当前主要的市场化辅助服务品种，典型区域新型储能可参与的辅助服务品种如表 12-3 所示。

表 12-3　典型区域新型储能可参与的辅助服务品种

序号	地区	可参与的辅助服务品种
1	华北区域	一次调频、自动功率控制、调峰、转动惯量、爬坡、黑启动等
2	东北区域	自动发电控制、调峰、无功调节、一次调频、转动惯量、黑启动、稳定切机服务等
3	西北区域	一次调频、自动发电控制、转动惯量、无功调节、自动电压控制、黑启动以及稳定切负荷等
4	华东区域	一次调频、自动发电控制、低频调节、调峰、无功调节、自动电压控制、备用、稳定切机服务、黑启动等

续表

序号	地区	可参与的辅助服务品种
5	华中区域	一次调频、调峰、无功调节等
6	南方区域	调频、调峰、自动电压控制、黑启动等
7	山西	一次调频、二次调频、正备用等
8	山东	黑启动、转动惯量、快速调压、一次调频、爬坡等
9	甘肃	调频、调峰等
10	新疆	调峰、调频、备用等
11	浙江	调频、调峰等
12	江苏	调频、无功调节、爬坡、黑启动等
13	福建	调峰、调频等
14	湖南	调峰、旋转备用等
15	四川	一次调频、调峰、无功调节、自动电压控制、爬坡、黑启动等
16	云南	调频、黑启动等
17	贵州	调峰等

来源：国家能源局各派出机构

随着全国电力市场的持续深化建设，电力市场辅助服务各区域的试点工作得到了快速发展，未来新型储能系统参与电力市场辅助服务的政策将进一步完善，服务范围进一步扩大，可参与的辅助服务品种不断扩展，收益途径不断丰富。

107　新型储能与煤电联合调频商业模式是什么？

随着经济社会的不断发展，电力需求呈现持续增长的趋势，火电机组作为调频电源的主力军，其调频功能十分重要。然而，在实际应用中，火电机组调频暴露出响应时滞长、机组爬坡速率低、不能准确跟踪AGC指令，甚至会造成对区域控制误差的反方向调节等问题。此外，火电机组长期承担繁重的调节任务，会导致发电机组设备磨损严重，影响服役寿命。而储能系统通常采用电力电子控制装置，控制环节较为简单，且具有快速的响应能力，新型储能与煤电联合，即火储联调模式，可提升火电机组响应速度和精度，显著提升调频综合性能指标，已被视为当前最有效的调频方式之一。

新型储能与煤电联合调频的基本原理是：在传统燃煤发电电厂内，配置储能系统，实现火电机组与新型储能协同调频，其中，火电机组作为响应 AGC 调频指令的基础单元，承担调频任务中的慢速和大容量功率需求；新型储能作为补充的快速响应单元，承担调频任务中的快速和小容量功率需求。利用新型储能快速调节输出功率的能力，达到改善煤电机组 AGC 响应速度和精度、缓解机组设备磨损并降低运行风险的目的。典型储能系统接入电厂示意图如图 12-2 所示。

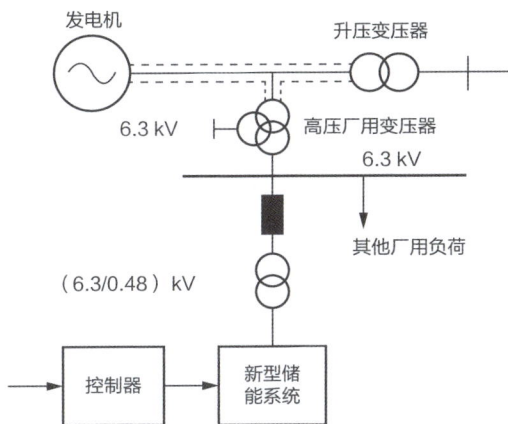

图 12-2　典型储能系统接入电厂示意图

2013 年 9 月，京能集团北京石景山热电厂储能联合调频项目投运，创立了火电厂联合新型储能调频模式的先河。该项目为单机容量 220MW 的燃煤供热机组安装 2MW 储能系统，是国内首个以提供电网调频服务为主的兆瓦级储能系统示范项目，在储能系统运行的情况下，机组调频

综合指标 K_p 提升 20%，验证了储能在电力调频领域中的商业价值。

经过多年示范与发展，火储联调模式在技术与商业模式上逐步走向成熟。未来，该模式发展将呈现出以下趋势：

1 随着飞轮储能、超级电容储能技术不断进步，锂离子电池 + 飞轮储能、锂离子电池 + 超级电容储能等复合储能调频系统逐步投入工程应用。如，华能集团福建罗源电厂采用 5MW 超级电容 +15MW 锂离子电池复合储能系统辅助火电机组 AGC 调频，山西华电朔州热电厂火储联合调频项目采用 2MW 飞轮储能 +6MW 锂离子电池的复合储能系统。

2 投产项目不断增多，火储联调市场将面临更为激烈的竞争，规划合理、装机规模较大、自身调节能力较强的项目调频收益相对更有保障。

3 在部分省区，火储联调项目有望向一次调频市场扩展，逐步拓宽获利渠道。

108 新能源侧新型储能的商业模式有哪些？

新能源侧新型储能的功能主要是平滑新能源出力，降低偏差损失，参与调峰，其收益来源主要是储存弃风弃光，择机出售给电网，或者解决现货市场新能源功率预测偏差问题。此外，部分省份在新能源加储能的模式中可享受初装补贴。

未来，随着我国电力市场体系逐步完善，新能源场站与配建储能全电量参与电力市场交易的比例将不断提升。2023 年 6 月，山东半岛南海上风电场在山东电力交易平台完成配建储能充放电曲线申报出清，成为全国首家配建储能与其风力发电主体联合入市的新能源场站。新能源与配建储能作为一个主体联合结算，有利于盘活配建储能资源，优化新能源场站出力曲线，提升新能源的盈利能力、消纳水平，促进新能源与配建储能联合主体健康发展。

109　什么是电网侧共享储能？

广义上，共享储能引进"共享经济"的理念，把独立分散在电网侧、电源侧、用户侧的储能电站资源进行优化配置，最后由电网统一调用。狭义上，共享储能指将分散的新能源配套储能，以集中方式在电网侧实施建设，可同时服务于多个新能源场站促进新能源消纳。

从实际运行情况看，共享储能与独立储能具有三点共性：一是在应用场景角度，二者都既可以用于电源侧的新能源消纳，又可以提供电网的调峰调频等辅助服务；二是在调度与应用上，二者均可作为独立场站接受电网统一调度，参与电力市场交易；三是在商业模式角度，二者都作为独立主体进行项目建设运营并获取收益。因此，共享储能可理解为是独立储能的一类商业模式。

共享储能主要有三种获利渠道，即容量租赁、辅助服务和其他收益。"新能源容量租赁＋调峰辅助服务"或"新能源容量租赁＋现货市场价差"为当前共享储能的两种主流商业模式。在新能源容量租赁方面，针对出租容量的实际使用权，部分省份归属储能电站，部分省份归于新能源电厂。

当前，因国内各省市电力市场与相关政策的差异，共享储能电站的经济性也存在较大差异。只有部分省份对共享储能建立了较为明确的市场规则，政策的推广仍任重道远。未来仍需探索共享储能适应市场发展的合理盈利模式。

以山东省某 100MW/200MWh 储能电站为例，目前电站收益主要来自三个方面：容量租赁市场租金、现货市场电能量交易收益、容量市场补偿收入。

容量租赁市场收益
> 容量租赁收入作为共享储能的基本收入，对储能收益影响较大。目前，山东储能租赁价格由市场定价，随着储能设备价格下降，储能租赁价格也有下降的趋势，实际租赁价格为 150~200 元 /（kW·年），100MW/200MWh 储能电站每年容量租赁收入为 1500 万~2000 万元。

现货市场电能量交易收益
> 储能电站参与电能量市场获利主要依靠低价充电和高价放电来获取峰谷价差的利润。山东省大力支持储能参与现货市场，储能电站向电网送电的，其相应充电电量不承担输配电价和政府性基金及附加，在实际运行过程中，100MW/200MWh 的储能电站参与现货市场电能量交易收益为 1500 万~2000 万元。

容量市场补偿收益
> 《关于 2022 年山东省电力现货市场结算试运行工作有关事项的补充通知》指出：储能电站日发电可用容量 =（储能电站核定充电容量 /2）×K/24，K 为储能电站日可用等效小时数，包括电站运行状态、备用状态下的小时数（初期电化学储能电站日可用等效小时数暂定为 2h）。现阶段，纳入示范的独立储能月度可用容量补偿按上述标准的 2 倍执行，即参照电力现货市场燃煤机组容量补偿标准的 1/6 执行。
>
> 按照山东省的容量补偿机制，用户侧缴纳的容量补偿费用将按照各发电侧可用容量的市场占比分配容量补偿费用，且独立储能电站可获得的补偿是不断变化的。100MW/200MWh 的电化学共享储能电站日发电可用容量为 16.67MW，每月可获得的容量补偿费用在 50 万~80 万元。

110　用户侧储能有哪些商业模式？

用户侧储能商业模式包括分时电价管理收益、减少基本电费、获得需求响应收入等，其中分时电价管理收益是主要盈利方式。

分时电价管理收益指电力用户通过配置储能设备，基于分时用电价格信号，调整用电计划所带来的用电成本节约。国家发改委发布《关于进一步完善分时电价机制的通知》要求，系统峰谷差率超过 40% 的地方，峰谷电价价差原则上不低于 4：1，其他地方原则上不低于 3：1，尖峰电价在峰段电价基础上上浮比例原则上不低于 20%。目前，我国用户侧储能以工商业储能为主。伴随着分时电价的完善，峰谷电价差拉大，用户侧储能的经济性明显提升，市场积极性较高。广东、浙江和江苏三省因较高的峰谷价差，叠加地方项目补贴政策，使得工商业储能投资回报领先全国，整体项目备案及投运规模较大。未来，需要进一步研究减少基本电费、需求侧响应补贴和降低用户侧增容费用等促进用户侧储能盈利的政策和示范，推动用户侧储能更好发展。

111　什么是储能聚合？

储能聚合面向电网需求，采用互联网化的能量管控与协同技术实现分布式储能的聚合管理，是将具有应用潜力的小而分散的储能资源转化为大而协同的需求响应资源的一种储能商业模式。基于其先进技术内核，储能聚合可以有效解决分布式储能数量庞大、资源分散等问题。

储能聚合的主要实现方式包括：基于负荷聚合商理论，采用需求侧报价形式实现聚合储能参与电网调度运行，中小规模储能也可以参与到市场调节中；基于虚拟电厂技术，利用虚拟电厂理论将具备聚合潜力的设备整合为需求响应资源，并研究需求响应参与的机组组合优化问题。

我国浙江、上海、广东等地已积极探索建设虚拟电厂项目。目前，我国虚拟电厂的建设还处于初期发展阶段，现有项目的商业模式包括参与市场交易获取服务费以及需求响应补偿费用。

典型案例

近年来，深圳积极推进虚拟电厂建设，从平台建设、制度支持等方面入手，开展虚拟电厂试点，持续扩大虚拟电厂接入规模，推动虚拟电厂商业化应用。

平台建设方面。2021年，深圳市开通运行国内首个网地一体虚拟电厂运营管理平台，聚合点多面广、单体容量小的用户可调节资源。2023年6月，该平台完成迭代升级，除接入"电力充储放一张网"的资源外，还涵盖建筑楼宇、蓄冰站、工业园区等资源，规模达1500MW，实时调控能力超300MW，支持精准削峰，可常态化、市场化开展多次响应工作。

制度支持方面。深圳市出台《深圳市虚拟电厂精准响应实施细则》《深圳市虚拟电厂精准响应管理办法》《深圳市虚拟电厂精准响应承诺书》系列指导性文件，为深圳虚拟电厂常态化参与电网调控提供了制度和资金保障。设置深圳虚拟电厂管理中心，负责组织开展深圳虚拟电厂运营商注册、精准响应组织、精准响应结算等工作；制定和规范了虚拟电厂精准响应启动条件、组织流程、响应价格、基线计算、收益结算、考核机制、分析评价、争议处理等内容。

◆ 参考文献

［1］《新型电力系统发展蓝皮书》编写组．新型电力系统发展蓝皮书［M］．北京：中国电力出版社，2023.

［2］辛保安．新型电力系统与新型能源体系［M］.北京：中国电力出版社，2023.

［3］杜忠明，张晋宾.电力系统新型储能技术［M］.北京：中国电力出版社，2023.

［4］电力规划设计总院.中国新型储能发展报告2023［M］.北京：人民日报出版社，2023.

［5］陈海生，李泓，徐玉杰，等.2023年中国储能技术研究进展［J］.储能科学与技术，2024, 13(5):1359-1397.

［6］国家发展改革委，国家能源局."十四五"新型储能发展实施方案[R/OL]. 2022. https://www.gov.cn/zhengce/zhengceku/2022-03/22/content_5680417.htm.

［7］Dunn B, Kamath H, Tarascon J M. Electrical energy storage for the grid: A battery of choices［J］. Science, 2011, 334(6058): 928-935.

［8］Kousksou T, Bruet P, Jamll A, et al. Energy storage: applications and challenges［J］. Solar Energy Materials & Solar Cells, 2014, 120(1): 59-80.

［9］彭苏萍，陈立泉.氢能与储能导论［M］.北京：中国电力出版社，2023.

［10］Roberts B P, Sandberg C. The role of energy storage in development of smart grids s［J］. Proceedings of the IEEE,2011, 99(6): 1139-1144.

［11］中国电工技术学会.电力储能技术发展与标准体系框架［M］.北京：中国电力出版社，2022.

［12］谢小荣，马宁嘉，刘威，等.新型电力系统中储能应用功能的综述

与展望［J］.中国电机工程学报，2023, 43(1):158-169.

［13］ Koohi-Fayegh S, Rosen M A. A review of energy storage types, applications and recent developments［J］. Journal of Energy Storage, 2020, 27:1-23.

［14］ 陈海生，吴玉庭.储能技术发展及路线图［M］.北京：化学工业出版社，2020.

［15］ Nadeem F, Hussain S M S, Tiwari P K, et al.Comparative review of energy storage systems, their roles and impacts on future power systems［J］.IEEE Access, 2019, 7(1):4555-4585.

［16］ 陈永翀，冯彩梅，刘丹丹，等."十四五"新型储能技术创新发展趋势［J］.中国化工信息，2022, 9:26-28.

［17］ Meng L, Zafar J, Khadem S K,et al.Fast frequency response from energy storage systems—a review of grid standards, projects and technical issues［J］. IEEE Transactions on Smart Grid, 2020, 11(2):1566-1581.

［18］ 全球能源互联网发展合作组织.大规模储能技术发展路线图［M］.北京：中国电力出版社，2020.

［19］ Akinyele D O, Rayudu R K. Review of energy storage technologies for sustainable power networks［J］. Sustainable Energy Technologies and Assessments, 2014(8): 74-91.

［20］ Amrouche S O, Rekioua D, Rekioua T, et al. Overview of energy storage in renewable energy systems［J］. International Journal of Hydrogen Energy, 2016, 41(45): 20914-20927.

［21］ 黄碧斌，胡静，蒋莉萍，等.中国电网侧储能在典型场景下的应用价值评估［J］.中国电力，2021, 54(7):158-165.

［22］ 陈海生，刘畅，徐玉杰，等.储能在碳达峰碳中和目标下的战略地位和作用［J］.储能科学与技术，2021, 10(5):1477-1485.

［23］ 凌光芬.各类储能技术度电成本分析［J］.中国工业和信息化，2022, 12: 29-34.

［24］ 何颖源，陈永翀，刘勇，等.储能的度电成本和里程成本分析［J］.电工电能新技术，2019, 38(9):1-10.

［25］ 尹硕，尤培培，杨萌，等.新型储能投资经济学及电价机制研究［M］.北京：经济日报出版社，2022.

［26］ 刘大正，崔咏梅，赵飞.新型储能商业化运行模式分析与发展建议［J］.分布式能源，2022, 7(5):46-55.

［27］ GB/T 42313—2023，电力储能系统术语［S］.

［28］ 傅旭，李富春，杨欣，等.基于全寿命周期成本的储能成本分析［J］.分布式能源，2020, 5(3):34-38.

［29］ Armand M,Murphy D,Broadhead J,et al. Materials for advanced batteries［M］.New York:Plenum Press,1980:145.

［30］ Nishi Y. The development of lithium ion secondary batteries［J］. Chemical Record, 2001, 1(1):406-413.

［31］ Goodenough J,Kim Y. Challenges for rechargeable Li batteries［J］Chem. Mater., 2010, 22: 587-603.

［32］ 梅生伟，张通，张学林，等.非补燃压缩空气储能研究及工程实践——以金坛国家示范项目为例［J］.实验技术与管理，2022, 39(5):1-8+14.

［33］ 唐珏，王俊，储瑶，等.新能源发展战略下锂资源形势与对策［J］.矿产综合利用，2023, 6: 71-76.

［34］ 任凭，齐磊，王玮，等.盐穴空间利用现状及发展趋势［J］.油气田地面工程，2023, 42(5):1-8.

［35］ 张玮灵，古含，章超，等.压缩空气储能技术经济特点及发展趋势［J］.储能科学与技术，2023, 12(4):1295-1301.

［36］ 李泓.锂电池基础科学［M］.北京：化学工业出版社，2021.

［37］ Whittingham M S. Lithium batteries and cathode materials［J］. Chem. Rev., 2004, 104(10):4271-4302.

［38］ Padhi A K, Nanjundaswamy K S, Goodenough J B. Phospho-olivines as positive-electrode materials for rechargeable lithium batteries〔J〕. Journal of the Electrochemical Society, 1997, 144(4):1188-1194.

〔39〕 Mizushima K,Jones P C,Wiseman P J,Goodenough J B. LixCoO$_2$ $(0 < x \leqslant 1)$: A new cathode material for batteries of high energy density〔J〕. Solid State Ionics, 1981, 3-4:171-174.

〔40〕 杨绍斌，梁正.锂离子电池制造工艺原理与应用〔M〕.北京：化学工业出版社，2019.

〔41〕 阳如坤.先进储能电池智能制造技术与装备〔M〕.北京：化学工业出版社，2022.

〔42〕 金阳.锂离子电池储能电站早期安全预警及防护〔M〕.北京：机械工业出版社，2021.

〔43〕 Manthiram A.A reflection on lithium-ion battery cathode chemistry〔J〕. Nature Communications, 2020, 11(1):1550.

〔44〕 Padhi A K, Nanjundaswamy K S, Masquelier C, et al. Mapping of transition metal redox energies in phosphates with NASICON structure by lithium intercalation〔J〕. Journal of The Electrochemical Society, 1997, 144(8):2581.

〔45〕 张剑辉，钱昊，吕喆，等.储能系统集成技术与工程实践〔M〕.北京：化学工业出版社，2023.

〔46〕 惠东，高飞.电力储能系统安全技术与应用〔M〕.北京：机械工业出版社，2022.

〔47〕 Garreau M,Thevenin J,Fekir M. On the processes responsible for the degradation of the aluminum lithium electrode used as anode material in lithium aprotic electrolyte batteries〔J〕. Journal of Power Sources, 1983, 9(3-4):235-238.

〔48〕 Yazami R,Touzain P. A reversible graphite-lithium negative electrode for electrochemical generators〔J〕. Journal of Power Sources, 1983, 9(3):365-

371.

［49］Endo M,Kim C,Nishimura K,et al. Recent development of carbon materials for Li ion batteries［J］. Carbon, 2000, 38(2):183-197.

［50］马璨，吕迎春，李泓.锂离子电池基础科学问题（Ⅶ）——正极材料［J］.储能科学与技术，2014, 3(1):53-65.

［51］罗飞，褚赓，黄杰，等.锂离子电池基础科学问题（Ⅷ）——负极材料［J］.储能科学与技术，2014, 3(2):146-163.

［52］陆浩，刘柏男，褚赓，等.锂离子电池负极材料产业化技术进展［J］.储能科学与技术，2016, 5(2):109-119.

［53］周恒辉，慈云祥，刘昌炎.锂离子电池电极材料研究进展［J］.化学进展，1998, 1:87-96.

［54］Ohzuku T, Makimura Y .Layered lithium insertion material of $LiCo_{1/3}Ni_{1/3}Mn_{1/3}O_2$ for lithium-ion batteries［J］.Chemistry Letters, 2001, 1(7):642-643.

［55］王鹏博，郑俊超.锂离子电池的发展现状及展望［J］.自然杂志，2017, 39(4):283-289.

［56］肖菊兰，陈涛，刘洪利，等.锂金属电池中锂枝晶研究综述［J］.电源技术，2022, 46(7):703-706.

［57］沈馨，张睿，赵辰孜，等.金属锂电池中力 - 电化学机制研究进展［J］.储能科学与技术，2022, 11(9):2781-2797.

［58］焦萌，张文佳，许薇.抑制金属锂二次电池锂枝晶生长的研究进展［J］.电源技术，2022, 46(7):697-702.

［59］宋杨，苏来锁，王彩娟，等.锂离子电池老化研究进展［J］.电源技术，2018, 42(10):1578-1581.

［60］王其钰，王朔，张杰男，等.锂离子电池失效分析概述［J］.储能科学与技术，2017, 6(5):1008-1025.

［61］姚逸鸣，栾伟玲，陈莹，等.基于光学显微镜的锂离子电池材料老化衰减原位研究进展［J］.储能科学与技术，2023, 12(3):777-791.

［62］ 詹世英，何海平，张正，等 . 锂离子电池电极预锂化技术工程化进展 ［J］. 今日制造与升级，2022, 10:160-162.

［63］ 朱晓庆，王震坡，HSINW，等 . 锂离子动力电池热失控与安全管理研究 综述［J］. 机械工程学报，2020, 56(14):91-118.

［64］ Feng X, Lu L, Ouyang M, et al. A 3D thermal runaway propagation model for a large format lithium ion battery module［J］. Energy, 2016, 115:194-208.

［65］ Ren D, Liu X, Feng X, et al. Model-based thermal runaway prediction of lithium-ion batteries from kinetics analysis of cell components［J］. Applied Energy, 2018, 228:633-644.

［66］ 吴静云，黄峥，郭鹏宇 . 储能用磷酸铁锂（LFP）电池消防技术研究 进展［J］. 储能科学与技术，2019, 8(3):495-499.

［67］ 李晨尧，李孝斌，武军利，等 . 灭火剂抑制锂电池火灾研究现状 分析［J］. 安全，2023, 44(1):54-59.

［68］ 卓萍，高飞，路世昌 . 不同灭火装置对磷酸铁锂电池模组火灾的灭火 效果［J］. 消防科学与技术，2022, 41(2):152-156.

［69］ GB/T 36276—2018，电力储能用锂离子电池［S］.

［70］ 刘亚利，吴娇杨，李泓 . 锂离子电池基础科学问题（Ⅸ）——非水液体 电解质材料［J］. 储能科学与技术，2014, 3(3):262-282.

［71］ 储健，虞鑫海，王丽华 . 国内外锂离子电池隔膜的研究进展［J］. 合成 技术及应用，2020, 35(2):24-29.

［72］ 李晋，王青松，孔得朋，等 . 锂离子电池储能安全评价研究进展［J］. 储能科学与技术，2023, 12(7):2282-2301.

［73］ 李相俊，官亦标，胡娟，等 . 我国储能示范工程领域十年（2012— 2022）回顾［J］. 储能科学与技术，2022, 11(9):2702-2712.

［74］ 刘鲁静，贾志军，郭强，等 . 全固态锂离子电池技术进展及现状［J］. 过程工程学报，2019, 19(5):900-909.

［75］ Kato Y, Hori S, Saito T, et al. High-power all-solid-state batteries using sulfide superionic conductors[J]. Nature Energy, 2016, 1(16030):1-7.

[76] Schnell J, Knrzer H, Imbsweiler A J, et al.Solid vs. Liquid—a bottom：p calculation model to analyze the manufacturing cost of future high energy Batteries[J].Energy Technology, 2020, 8(3):1901237.

[77] 宋洁尘，夏青，徐宇兴，等.全固态锂离子电池的研究进展与挑战[J]. 化工进展，2021, 40(9):5045-5060.

[78] Fenton D E, Parker J M, Wright P V. Complexes of alkali metal ions with poly (ethylene oxide)[J]. Polymer, 1973, 14(11):589.

[79] Kamaya N, Homma K, Yamakawa Y, et al. A lithium superionic conductor[J]. Nature Materials, 2011, 10(9):682-689.

[80] Gao Zh, Sun H B, Fu L, et al. Promises, challenges, and recent progress of inorganic solid-state electrolytes for all-solid-state lithium batteries[J]. Advanced Materials, 2018, 30(17): 1705702.

[81] 赵光金，范茂松，王放放，等.动力电池梯次利用及绿色回收 技术[M].北京：机械工业出版社，2022.

[82] 于会群，胡哲豪，彭道刚，等.退役动力电池回收及其在储能系统中梯 次利用关键技术[J].储能科学与技术，2023, 12(5):1675-1685.

[83] 孟欣，金鹏.电池梯次利用技术的中国专利分析[J].电池，2023, 53 (5):554-558.

[84] 李学斌，赵号，陈世龙.预制舱式磷酸铁锂电池储能电站能耗计算 研究[J].南方能源建设，2023, 10(2):71-77.

[85] 张华民.液流电池储能技术及应用[M].北京：科学出版社，2022.

[86] 徐泉，牛迎春，王屾，等.液流电池与储能[M].北京：中国石化出版 社，2022.

[87] Sum E, Rychcik M, Skyllas-Kazacos M. Investigation of the V(V)/V(IV) system for use in the positive half-cell of a redox battery[J]. Journal of Power Sources, 1985, 16(2): 85-95.

［88］Bartolozzi M. Development of redox flow batteries. A historical bibliography［J］. Journal of Power Sources, 1989, 27(3):219-234.

［89］刘宗浩，邹毅，高素军，等 . 电力储能用液流电池技术［M］. 北京：机械工业出版社，2021.

［90］Service R F. Advances in flow batteries promise cheap backup power［J］. Science, 2018, 362(6414): 508-509.

［91］袁治章，刘宗浩，李先锋 . 液流电池储能技术研究进展［J］. 储能科学与技术，2022, 11(9): 2944-2958.

［92］房茂霖，张英，乔琳，等 . 铁铬液流电池技术的研究进展［J］. 储能科学与技术，2022, 11(5):1358-1367.

［93］Skyllas-kazacos M, Rychcik M, Robins R G, et al. New all-vanadium redox flow cell［J］. Journal of the Electrochemical Society, 1986, 133(5): 1057-1058.

［94］张华民 . 全钒液流电池的技术进展、不同储能时长系统的价格分析及展望［J］. 储能科学与技术，2022, 11(9):2772-2780.

［95］Hruska L W, Savinell R F. Investigation of factors affecting performance of the iron - redox battery［J］. Journal of the Electrochemical Society, 1981, 128(1): 18.

［96］苏秀丽，杨霖霖，周禹，等 . 全钒液流电池电极研究进展［J］. 储能科学与技术，2019, 8(1): 65-74.

［97］钱鹏，张华民，陈剑，等 . 全钒液流电池用电极及双极板研究进展［J］. 能源工程，2007, 1: 7-11.

［98］Chieng S C, Kazacos M, Skyllas-kazacos M. Preparation and evaluation of composite membrane for vanadium redox battery applications［J］. Journal of Power Sources, 1992, 39(1): 11-19.

［99］汪南方，刘素琴 . 全钒液流电池隔膜的制备与性能［J］. 化学进展，2013, 25(1):60-68.

［100］Sukkar T, Skyllas-kazacos M. Membrane stability studies for vanadium redox cell applications［J］. Journal of Applied Electrochemistry, 2004, 34(2): 137-145.

［101］徐至，黄康. 多孔离子传导电池隔膜研究进展［J］. 化工进展，2022, 41(3):1569-1577.

［102］Yhwa B, Hmz A, Pq A, et al. A study of the Fe(Ⅲ)/Fe(Ⅱ)-triethanolamine complex redox couple for redox flow battery application［J］. Electrochimica Acta, 2006, 51(18): 3769-3775.

［103］Sun J, Zheng M L, Yang Z S, et al. Flow field design pathways from lab-scale toward large-scale flow batteries［J］. Energy, 2019, 173: 637-646.

［104］张祺，张苗苗，孟琳. N- 甲基 -N- 丁基吡咯烷溴化物和 N- 甲基 -N- 乙基吡咯烷溴化物在锌溴液流电池中的应用［J］. 电化学，2017, 23(6): 694-701.

［105］Zhao E W, Liu T, Jónsson E, et al. In situ Nmr metrology reveals reaction mechanisms in redox flow batteries［J］. Nature, 2020, 579(7798): 224-228.

［106］李彬，宋文明，杨坤龙，等. 水系有机液流电池活性材料的分子工程研究进展［J］. 化工学报，2022, 73(7): 2806-2818.

［107］Lin K X, Chen Q, Gerhardt M R, et al. Alkaline quinone flow battery［J］. Science, 2015, 349(6255): 1529-1532.

［108］Byhwa, Ahmz, Apq, et al.A study of the Fe(Ⅲ)/Fe(Ⅱ)-triethanolamine complex redox couple for redox flow battery application-ScienceDirect［J］. Electrochimica Acta, 2006, 51(18):3769-3775.

［109］屈康康，刘亚华，洪叠，等. 中性水系有机液流电池正极电解质的研究进展［J］. 储能科学与技术，2023, 12(5):1570-1588.

［110］刘旭东，毕孝国，吉晓瑞，等. 全沉积型铅酸液流电池充放电特性研究［J］. 电源技术，2014, 38(9): 1682-1685.

［111］廖斯达，贾志军，马洪运，等. 电化学应用（Ⅰ）——铅酸蓄电池的发

展及其应用［J］.储能科学与技术，2013, 2(5): 514-521.

［112］惠东，相佳媛，胡晨，等.电力储能用铅炭电池技术［M］.北京：机械工业出版社，2022.

［113］Wang F, Hu C,Lian J, et al. Phosphorus-doped activated carbon as a promising additive for high performance lead carbon batteries［J］.RSC Advances, 2017, 7(7):4174-4178.

［114］陶占良，陈军.铅碳电池储能技术［J］.储能科学与技术，2015, 4(6): 546-555.

［115］Lam L T, Louey R, Haigh N P, et al. VRLA Ultrabattery for high-rate partial-state-of-charge operation［J］. Journal of Power Sources, 2007, 174(1): 16-29.

［116］廉嘉丽，王大磊，颜杰，等.电力储能领域铅炭电池储能技术进展［J］.电力需求侧管理，2017, 19(3):21-25.

［117］胡勇胜，陆雅翔，陈立泉.钠离子电池科学与技术［M］.北京：科学出版社，2020.

［118］Nayak P K, Yang L, Brehm W, et al. From lithium-ion to sodium-ion batteries: Advantages, challenges, and surprises［J］. Angew. Chem.Int. Edit., 2018, 57(1): 102-120.

［119］Takeda Y, Nakahara K, Nishijima M, et al. Sodium deintercalation from sodium iron oxide［J］. Mater. Res. Bull., 1994, 29:659-666.

［120］L.N. Zhao, T. Zhang, H.L. Zhao, Y.L. Hou, Polyanion-type electrode materials for advanced sodium-ion batteries, Materials Today Nano, 2020, 10:10072.

［121］周权，戚兴国，陆雅翔，等.钠离子电池标准制定的必要性［J］.储能科学与技术，2020, 9(5):1225-1233.

［122］Pan H L, Hu Y S, Chen L Q. Room-temperature stationary sodium-ion batteries for large-scale electric energy storage［J］. Energy&Environmental Science, 2013, 6(8): 2338-2360.

［123］裘吕超，梅简，陈胤桢，等.锰基普鲁士蓝钠离子电池正极材料研究进展［J］.材料科学与工程学报，2022, 40(4): 687-694+705.

［124］Saurel D, Orayech B, Xiao B, e.t. From charge storage mechanism to performance: a roadmap toward high specific energy sodium-ion batteries through carbon anode optimization［J］. Advanced Energy Materials, 2018, 8(17): 1703268.

［125］容晓晖，陆雅翔，戚兴国，等.钠离子电池：从基础研究到工程化探索［J］.储能科学与技术，2020, 9(2):515-522.

［126］韩诚，武少杰，吴朝阳，等.钠离子电池负极材料的储钠机制及性能研究进展［J］.过程工程学报，2023, 23(2): 173-187.

［127］方永进，陈重学，艾新平，等.钠离子电池正极材料研究进展［J］.物理化学学报，2017, 33(1):211-241.

［128］Lu Y H, Wang L, Cheng J G, Goodenough J B. Prussian blue:A new framework of electrode materials for sodium batteries［J］. Chemical Communications, 2012, 48(52):6544-6546.

［129］Yabuuchi N, Yoshida H, Komaba S. Crystal structures and electrode performance of alpha-NaFeO$_2$ for rechargeable sodium batteries［J］. Electrochemistry, 2012, 80: 716-719.

［130］Mu L Q, Xu S Y, Li Y M, Hu Y S, Li H, Chen L Q, Huang X J. Prototype sodium-ion batteries using an air-stable and Co/Ni-free O3-layered metal oxide cathode［J］. Advanced Materials, 2015, 27 (43):6928-6933.

［131］方铮，曹余良，胡勇胜，等.室温钠离子电池技术经济性分析［J］.储能科学与技术，2016, 5(2): 149-158.

［132］国家电投集团氢能产业创新中心.氢能百问［M］.北京：中国电力出版社，2022.

［133］中国氢能源及燃料电池产业创新战略联盟.中国氢能源及燃料电池产业发展报告2022［M］.北京：人民日报出版社，2023.

［134］俞红梅，衣宝廉. 电解制氢与氢储能［J］. 中国工程科学，2018, 20(3):1-140.

［135］Mazloomi S K, Sulaiman N. Influencing factors of water electrolysis electrical efficiency［J］. Renewable and Sustainable Energy Reviews, 2012, 16: 4257-4263.

［136］Marini S, Salvi P, Nelli P, et al. Advanced alkaline water electroly-sis［J］. Electrochimica Acta, 2012, 82: 384-391.

［137］Millet P, Dragoe D, Grigoriev S, et al. GenHyPEM: A research program on PEM water electrolysis supported by the European Commission［J］. International Journal of Hydrogen Energy, 2009, 34(11): 4974-4982.

［138］俞红梅，邵志刚，侯明，等. 电解水制氢技术研究进展与发展建议［J］. 中国工程科学，2021, 23(2):146-152.

［139］陈颖. 电解水制氢技术的研究现状及未来发展趋势［J］. 太阳能，2024, 1:5-11.

［140］电力规划设计总院. 中国低碳化发电技术创新发展报告 2021 氢能专篇［M］. 北京：人民日报出版社，2022.

［141］Buttler A, Spliethoff H. Current status of water electrolysis for energy storage, grid balancing and sector coupling via power-to-gas and power-to-liquids: A review［J］. Renewable and Sustainable Energy Reviews, 2018, 82: 2440-2454.

［142］郑津洋，马凯，叶盛，等. 我国氢能高压储运设备发展现状及挑战［J］. 压力容器，2022, 39(3):1-8.

［143］郑津洋. 高安全低成本大容量高压储氢［J］. 浙江大学学报（工学版），2020, 54(9): 1655-1657.

［144］李璐伶，樊栓狮，陈秋雄，等. 储氢技术研究现状及展望［J］. 储能科学与技术，2018, 7(4):586-594.

［145］Arsad A Z, Hannan M A, Al-Shetwi A Q, et al. Hydrogen energy storage integrated hybrid renewable energy systems: A review analysis for future research directions［J］. International Journal of Hydrogen Energy, 2022, 47(39): 17285-17312.

［146］刘玮，万燕鸣，张岩，等.中国氢能源及燃料电池产业数据手册2022［M］.北京：科学出版社，2023.

［147］国网能源研究院有限公司.电-氢协同：发展理念与路径展望［M］.北京：中国电力出版社，2024.

［148］许传博，刘建国.氢储能在我国新型电力系统中的应用价值，挑战及展望［J］.中国工程科学，2022,24(3):89-99.

［149］王士博，孔令国，蔡国伟，等.电力系统氢储能关键应用技术现状、挑战及展望［J］.中国电机工程学报，2023,43(17):6660-6681.

［150］杨春和，王贵宾，施锡林，等.中国大规模盐穴储氢需求与挑战［J］.岩土力学，2024,45(1):1-19.

［151］钱鑫，陈义武，刘超，等.固体储氢材料研究进展及展望［J］.现代化工，2024,44(3):74-78.

［152］刘坚，景春梅，王心楠.氢储能成全球氢能发展新方向［J］.中国石化，2022,6:69-71.

［153］杜忠明，郑津洋，戴剑锋，等.我国绿氢供应体系建设思考与建议［J］.中国工程科学，2022,24(6):64-71.

［154］刘科.甲醇是储氢最好的载体［J］.中国石油和化工产业观察，2021,12:31-32.

［155］李灿.中国光电催化领域的发展现状和未来挑战［J］.科学观察，2023,18(2):5-8.

［156］杨鹏威，于琳竹，王放放，等.氨储能在新型电力系统的应用前景、挑战及发展［J］.化工进展，2023,42(8):4432-4446.

［157］魏蔚，胡忠军，严岩，等.液氢技术与装备［M］.北京：化学工业出版社，2023.

［158］毛宗强，毛志明，余皓，等.制氢工艺与技术［M］.北京：化学工业出版社，2018.

［159］吴朝玲，李永涛，李媛，等.氢气储存和输送［M］.北京：化学工业出版社，2020.

［160］张新波，黄岗，陈凯，等.金属空气电池［M］.北京：科学出版社，2022.

［161］温术来，李向红，孙亮，等.金属空气电池技术的研究进展［J］.电源技术，2019, 43(12): 2048-2052.

［162］陈祥，雷凯翔，孙洪明，等.尖晶石型氧化物催化剂与金属–空气电池［J］.储能科学与技术，2017, 6(5):904-923.

［163］Nemori H, Shang X, Minami H, et al. Aqueous lithium-air batteries with a lithium-ion conducting solid electrolyte $Li_{1.3}A_{l0.5}Nb_{0.2}Ti_{1.3}(PO_4)_3$［J］. Solid State Ionics, 2018, 317: 136-144.

［164］李彦龙，王为.金属–空气电池中空气电极的研究进展［J］.电源技术，2015, 39(5): 1106-1109.

［165］Liu J-N, Zhao C-X, Wang J, et al. A brief history of zinc–air batteries: 140 years of epic adventures［J］. Energy Environ. Sci., The Royal Society of Chemistry, 2022, 15(11): 4542-4553.

［166］张文保.可再充锌空气电池的发展［J］.电源技术，2002(6): 448-451.

［167］Hwang B, Oh E S, Kim K. Observation of electrochemical reactions at Zn electrodes in Zn-air secondary batteries［J］. Electrochimica Acta, 2016, 216: 484-489.

［168］张栋，张存中，穆道斌，等.锂空气电池研究述评［J］.化学进展，2012, 24(12): 2472-2482.

［169］高勇，王诚，蒲薇华，等.锂–空气电池的研究进展［J］.电池，2011, 41(3): 161-164.

［170］蒋颉，刘晓飞，赵世勇，等.基于有机电解液的锂空气电池研究

进展［J］.化学学报，2014, 72(4):417-426.

［171］胡英瑛，吴相伟，温兆银.储能钠硫电池的工程化研究进展与展望——提高电池安全性的材料与结构设计［J］.储能科学与技术，2021, 10(3):781-799.

［172］李泽航，周浩，李浩秒，等.面向电力系统的液态金属电池储能技术［J］.发电技术，2022, 43(5):760-774.

［173］王凯，胡涵，李强，等.超级电容器及其在新一代储能系统中的应用［M］.北京：机械工业出版社，2022.

［174］石文明，刘意华，吕湘连，等.超级电容器材料及应用研究进展［J］.微纳电子技术，2022, 59(11):1105-1118.

［175］余丽丽，朱俊杰，赵景泰.超级电容器的现状及发展趋势［J］.自然杂志，2015, 37(3):188-196.

［176］黄晓斌，张熊，韦统振，等.超级电容器的发展及应用现状［J］.电工电能新技术，2017, 36(11):63-70.

［177］刘海晶，夏永姚.混合型超级电容器的研究进展［J］.化学进展，2011, 23(Z1):595-604.

［178］万明忠，王元媛，李峻，等.压缩空气储能技术研究进展及未来展望［J］.综合智慧能源，2023, 45(9):26-31.

［179］张新敬，陈海生，刘金超，等.压缩空气储能技术研究进展［J］.储能科学与技术，2012, 1(1):26-40.

［180］Crotogino F, Mohmeyer K U, Scharf R. Huntorf CAES: More than 20 years of successful operation［C］//A non. Spring 2001 Meeting, Florida, 2001. Orlando: Spring 2001 Meeting, 2001: 1-6.

［181］Swanekamp R. McIntosh serves as model for compressed-air energy storage［J］. Power, 2000, 12(2):35-41.

［182］Krain H. Review of centrifugal compressor's application and development［J］. ASME Journal of Turbomachinery, 2005, 127(1):25-34.

［183］潘文，令兰宁，李瑞雄，等 . 绝热 – 近等温压缩空气耦合储能过程热压匹配规律［J］. 储能科学与技术，2023, 12(11):3425-3434.

［184］Sciacovelli A, Li Y L, Chen H S, et al. Dynamic simulation of Adiabatic Compressed Air Energy Storage (A-CAES) plant with integrated thermal storage-link between components performance and plant performance［J］. Applied Energy, 2017, 185:16-28.

［185］陈华，喻昌鲲，彭钰航，等 . 等温压缩空气储能系统液气传热特性研究［J］. 热能动力工程，2022, 37(9):89-96.

［186］Budt M, Wolf D, Span R, et al. Compressed air energy storage—An option for medium to large scale electrical-energy storage［J］. Energy Procedia, 2016, 88:698-702.

［187］郭祚刚，马溪原，雷金勇，等 . 压缩空气储能示范进展及商业应用场景综述［J］. 南方能源建设，2019, 6(3):17-26.

［188］Mei Shengwei, Li Rui, Xue Xiaodai, et al. Paving the way to smart micro energy grid: concepts, design principles, and engineering practices［J］. CSEE Journal of Power and Energy Systems, 2017, 3(4):440-449.

［189］何青，时金凤，贾明祥 . 等温压缩空气储能技术研究综述［J］. 热力发电，2024, 53(9):10-18.

［190］何青，王珂 . 等温压缩空气储能技术及其研究进展［J］. 热力发电，2022, 51(8):11-19.

［191］徐桂芝，宋洁，王乐，等 . 深冷液化空气储能技术及其在电网中的应用分析［J］. 全球能源互联网，2018, 1(3):330-337.

［192］陈梦东，徐桂芝，胡晓，等 . 超临界压缩空气堆积床蓄冷罐循环性能分析［J］. 动力工程学报，2021, 41(3):236-243.

［193］王永庆，谢永慧，孙磊，等 . 超临界 CO_2 储能装置及其经济性分析［J］. 智慧电力，2019, 47(7):15-18+50.

［194］王富强，王汉斌，武明鑫，等 . 压缩空气储能技术与发展［J］. 水力发

电，2022, 48(11):10-15.

[195] 梅生伟，公茂琼，秦国良，等.基于盐穴储气的先进绝热压缩空气储能技术及应用前景［J］.电网技术，2017, 41(10):3392-3399.

[196] Katsuhisa Y,Toshiya N. Optimal daily operation of electric power systems with an ACC-CAES generating system［J］. Electrical Engineering in Japan, 2005, 152(1):15-23.

[197] 余海鹏，祝海义，赫广迅，等.储罐压缩空气储能全周期满负荷运行膨胀透平系统研究［J］.汽轮机技术，2022, 64(3):203-206.

[198] 李广阔，陈来军，谢毓广，等.考虑压缩空气储能变工况特性的风储联合系统运行优化策略［J］.高电压技术，2020, 46(2):511-518.

[199] Sun J T,Hou H C,Zuo Z T,et al.Numerical study on wet compression in a supercritical air centrifugal compressor［J］.Proceedings of the Institution of Mechanical Engineers,Part A: Journal of Power and Energy, 2020, 234(3):384-397.

[200] 孙冠珂，李文，张雪辉，等.向心涡轮进气结构的气动性能及损失机理［J］.航空动力学报，2015, 30(8): 1926-1935.

[201] 杨于驰，张媛，莫堃.新型储能技术发展与展望［J］.中国重型装备，2022, 4: 27-32.

[202] 张家俊，李晓琼，张振涛，等.压缩二氧化碳储能系统研究进展［J］.储能科学与技术，2023, 12(6):1928-1945.

[203] 郝佳豪，越云凯，张家俊，等.二氧化碳储能技术研究现状与发展前景［J］.储能科学与技术，2022, 11(10):3285-3296.

[204] 李红，白雨鑫，何青.压缩二氧化碳储能系统膨胀机研究进展［J］.热力发电，2024, 53(2):17-26.

[205] 梅生伟，李建伟，朱建全，等.储能技术［M］.北京：机械工业出版社，2022.

[206] 王粟，肖立业，唐文冰，等.新型重力储能研究综述［J］.储能科学与

技术，2022, 11(5):1575-1582.

［207］Botha C D, Kamper M J. Capability study of dry gravity energy storage［J］. Journal of Energy Storage, 2019, 23: 159-174.

［208］Ruoso A C, Caetano N R, Rocha L A O.Storage gravitational energy for small scale industrial and residential applications［J］.Inventions, 2019, 4(4):64.

［209］Hunt J D, Zakeri B, Falchetta G, et al. Mountain Gravity Energy Storage: A new solution for closing the gap between existing short- and long-term storage technologies［J］. Energy, 2020, 190: 116419.

［210］夏焱，万继方，李景翠，等.重力储能技术研究进展［J］.新能源进展，2022, 10(3):258-264.

［211］秦婷婷，周学志，郭丁彰，等.铁轨重力储能系统效率影响因素研究［J］.储能科学与技术，2023, 12(3):835-845.

［212］王晰，Jan SHAIR，谢小荣.水下储能技术综述与展望［J］.电网技术，2023, 47(10):4121-4131.

［213］Henning Hahn, Daniel Hau, Christian Dick,et al. Techno-economic assessment of a subsea energy storage technology for power balancing services［J］.Energy, 2017, 133:121-127.

［214］赫文豪，李懂文，杨东杰，等.新型重力储能技术研究现状与发展趋势［J］.大学物理实验，2022, 35(5):1-7.

［215］Oneill S .Weights-Based gravity energy Storage looks to scale up［J］.工程（英文），2022, 14(7):3-6.

［216］戴兴建，魏鲲鹏，张小章，等.飞轮储能技术研究五十年评述［J］.储能科学与技术，2018, 7(5):765-782.

［217］Genta G. Kinetic energy storage: Theory and practice of advanced flywheel systems［M］. UK: Butterworth-Heinemann, 2014.

［218］卢山，傅笑晨.飞轮储能技术及其应用场景探讨［J］.中国重型装备，2022, 4:22-26.

［219］Arghandeh R, Pipattanasompopn M, Rahman S. Flywheel energy storage systems for ride-through applications in a facility microgrid［J］. IEEE Transactions on Smart Grid, 2012, 3(4): 1955-1962.

［220］金能强，夏平畴. 飞轮电力储能系统［J］. 电工技术杂志，1997,(1):37-38+40.

［221］杨志轶. 飞轮电池储能关键技术研究［D］. 合肥工业大学，2002.

［222］Flynn M M, Mcmullen P, Solis O. High-speed flywheel and motor drive operation for energy recovery in a mobile gantry crane［C］. Applied Power Electronics Conference,APEC 2007-Twenty Second Annual IEEE.IEEE,2007: 1151-1157.

［223］牛跃进，郭巧合，李涛，等. 基于模糊控制的钻机飞轮储能调峰控制系统［J］. 电气传动自动化，2016, 38(5):16-18.

［224］焦渊远，王艺斐，戴兴建，等. 飞轮储能系统电机转子散热研究进展［J］. 储能科学与技术，2023, 12(10):3131-3144.

［225］李珍，蒋涛，裴艳敏，等. 复合材料储能飞轮转子研究进展［J］. 材料导报，2013, 27(3):64-69+73.

［226］肖立业，古宏伟，王秋良，等. YBCO超导体的电工学应用研究进展［J］. 物理，2017, 46(8):536-548.

［227］涂伟超，李文艳. 飞轮储能在电力系统的工程应用［J］. 储能科学与技术，2020, 9(3):870-877.

［228］李万杰，张国民，艾立旺，等. 高温超导飞轮储能系统研究现状［J］. 电工电能新技术，2017, 36(10):19-31.

［229］Ries G, Neumueller H W. Comparison of energy storage in flywheels and SMES［J］. Physica C: Superconductivity, 2001, 357: 1306-1310.

［230］沈士一. 汽轮机原理［M］. 北京：水利电力出版社，1992.

［231］倪剑，钱勇. 飞轮储能技术车用探讨［J］. 中国重型装备，2023(1):9-12+28.

［232］陈磊，王亮，林曦鹏，等.飞轮储能热管理研究现状分析［J］.中外能源，2019, 24(2):84-91.

［233］戴兴建，蒋新建，张凯.飞轮储能系统技术与工程应用［M］.北京：化学工业出版社，2021.

［234］李峻，祝培旺，王辉，等.基于高温熔盐储热的火电机组灵活性改造技术及其应用前景分析［J］.南方能源建设，2021, 8(3):63-70.

［235］魏超，朱生华，俎海东.抽汽蓄热方式对供热机组耦合系统性能影响分析［J］.内蒙古电力技术，2019, 37(4): 7-11.

［236］陈小慧.带蓄热装置的热电机组的系统调峰运行和热经济性分析［D］.北京：华北电力大学，2014.

［237］姜竹，邹博杨，丛琳，等.储热技术研究进展与展望［J］.储能科学与技术，2022, 11(9):2746-2771.

［238］Innovation outlook: Thermal energy storage［R］. International Renewable Energy Agency, 2020. https://www.irena.org/publications/ 2020/Nov/ Innovation-outlook-Thermal-energy-storage.

［239］曹雨军，夏芳敏，朱红亮，等.超导储能在新能源电力系统中的应用与展望［J］.电工电气，2021,10:1-6+26.

［240］邵忠卫，李国良，刘文伟.火电联合储能调频技术的研究与应用［J］.山西电力，2017, 207(6):62-66.

［241］张智刚，康重庆.碳中和目标下构建新型电力系统的挑战与展望［J］.中国电机工程学报，2022, 42(8): 2806-2819.

［242］任畅翔，刘娇，谭杰仁.源网荷侧新型储能商业模式及成本回收机制研究［J］.南方能源建设，2022, 9(4):94-102.

［243］李明，郑云平，亚夏尔·吐尔洪，等.新型储能政策分析与建议［J］.储能科学与技术，2023, 12(6):2022-2031.

［244］保伟中，王一依，唐志军，等.储能电站盈利模式及运营策略优化研究［J］.电气技术与经济，2022, 29(5):36-39.

［245］张迪，孙嘉，张玮，等.分布式储能聚合管理与应用综述［J］.电气应用，2022,41(7):11-16.

［246］刘根才，陆志欣，杨智诚，等.考虑SOC均衡的分布式储能聚合控制方法［J］.电力电容器与无功补偿，2020,41(3):174-181.

［247］张国强，郭文怡，杨瑞琳，等.集中式共享储能商业模式与政策分析［J］.电气时代，2022,6:30-33.

［248］宾雪，赖小垚，刘仁和，等.新能源配储的定位及机制探讨［J］.中国电力企业管理，2023,3:14-15.